U0268114

# 通俗天文学

## Astronomy for Everybody

〔美〕西蒙·纽康◎著

汪亦男◎译

北京理工大学出版社

BEIJING INSTITUTE OF TECHNOLOGY PRESS

**版权专有 侵权必究**

## 图书在版编目（CIP）数据

通俗天文学 / (美) 西蒙·纽康著；汪亦男译. —北京 : 北京理工大学出版社, 2017.8（2022.12重印）

ISBN 978-7-5682-4186-1

Ⅰ.①通… Ⅱ.①西… ②汪… Ⅲ.①天文学—普及读物 Ⅳ.①P1-49

中国版本图书馆CIP数据核字（2017）第143235号

出版发行 / 北京理工大学出版社有限责任公司

社　　址 / 北京市海淀区中关村南大街 5 号

邮　　编 / 100081

电　　话 / （010）68914775（总编室）

　　　　　（010）82562903（教材售后服务热线）

　　　　　（010）68948351（其他图书服务热线）

网　　址 / http://www.bitpress.com.cn

经　　销 / 全国各地新华书店

印　　刷 / 三河市金元印装有限公司

开　　本 / 700 毫米 × 1000 毫米　　1/16

印　　张 / 15.75　　　　　　　　　　　　　　责任编辑 / 李慧智

字　　数 / 177千字　　　　　　　　　　　　　文案编辑 / 李慧智

版　　次 / 2017 年 8 月第 1 版　2022 年 12 月第 5 次印刷　　责任校对 / 周瑞红

定　　价 / 30.00元　　　　　　　　　　　　　责任印制 / 边心超

图书出现印装质量问题，请拨打售后服务热线，本社负责调换

# 目录
Contents

# 第一章　天界运动

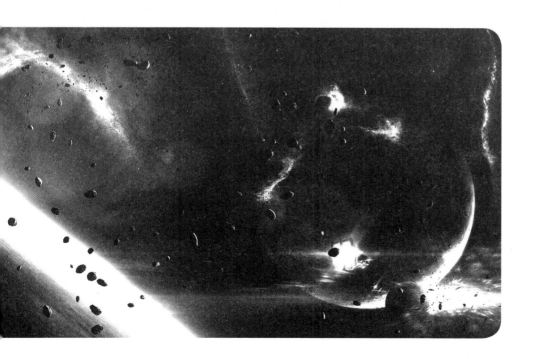

# 第一节　宇宙概况

　　想象我们从宇宙以外的一个点综观我们所赖以生存的宇宙，由此来进入我们的主题。我们必须将这个点选得非常远。为了得到这个距离，我们用光速来度量这个距离。我们所选择的这个媒介——光速，每秒可达186 000英里①，也就是说在钟表的两声嘀嗒之间可以绕行地球好几圈。如果到远处的这个点光要走上100 000年的话，那么我们所选择的立足点的位置就比较合适了。我们知道，这个视点将处于完全的黑暗之中，包围在没有任何星光的漆黑的天空中。但是，从一个方向，我们会在天空的一处看到一大片微弱的光，好像一片模糊的云或者一线晨曦。也许在其他方向上也有这样一片片的微光，但是，对此我们一无所知。我们所谈及的，称之为宇宙的这一片微光正是我们要探究的。于是，我们飞向它，不必考虑速度。若在一个月的时间到达，我们的速度要比光速快一百万倍。随着我们迫近，宇宙不断地在漆黑的天空中展开，最终覆盖了天空的一半，我们的身后仍旧是一片漆黑。

　　在到达这一阶段之前，我们便可在宇宙当中看到点点微光。继续飞

---

① 1英里 ≈ 1609.3 米。

行，这些光点越来越多，似乎从我们身边经过，便远远地消失在我们身后。与此同时，新的光点不断出现在眼前，就像火车上的乘客看到风景和房子掠过他们一样。这些光点就是星星，当我们身处其中的时候，我们发现漫天星斗犹如夜晚看到的一样。我们若以之前想象的高速穿过整个云团，除了星星或许只有寥寥散布其间的巨大而朦胧的光雾。

但是，我们并不这样做，而是选择一颗星星，放慢速度仔细观察它。这是一颗非常小的星星，随着我们接近它，它变得越来越明亮，最终像金星一样闪亮。时而它投下阴影，时而我们可以借助它的光线读书，时而它开始耀眼夺目。它看起来好似一个小太阳，它就是太阳！

我们再来选择一个位置，这个位置较之我们之前旅行的距离，就在太阳旁边，尽管按照我们普通的度量可能有十亿英里远。现在，环顾我们脚下，我们可以看到，在太阳周围远近不同地分布着8颗像星星一样的光点。如果我们长时间观察这些光点，会发现它们都在围绕太阳运行，绕行一周需要3个月至165年不等。它们在完全不同的距离上运行，最远的距离是最近的80倍。

这些类似恒星的天体是行星。仔细观察发现，这些行星与恒星的不同之处在于它们是不透明的，它们只能借助太阳光而发光。

我们来观察其中的一颗行星，就选择靠近太阳的第三颗吧。从上方接近这颗行星，也就是从它与太阳的连线垂直的角度，距离越近，它就变得越来越大、越来越明亮。当距离非常接近的时候，它看起来就像半个月亮——一半在黑暗之中，另一半被太阳的光线照亮。距离再近一些，可以看到被照亮的部分持续变大，呈现出斑驳的表面。这个表面继续扩大，逐渐变成了海洋和陆地，就好像表面被云彩遮蔽了一半。我们看到的这个表面在我们眼前不断延伸，取代了越来越多的天空，直到我们看出来这就是全部世界。我们降落在上面，于是我们来到了地球。

于是，我们在飞越天空时完全看不到的那个点，在我们接近太阳时成为一颗星，更近一些发现它是一个不透明的球体，现在成为我们居住的地球。

这次想象的飞行让我们知道了天文学的一个重要事实：夜晚缀满天空的众多星辰都是太阳。换句话说，太阳只是其中的一颗恒星。相比之下，太阳只是同类恒星中很小的一颗，我们知道很多恒星发出的光和热是太阳的千万倍。本质上，我们的太阳与其亿万同类没有差别。它之所以对我们重要，在我们眼中相对伟大，都源自我们与它之间的偶然的联系。

我们所描述的宇宙星辰，从地球上看与所幻想的飞越其中时看到的是一样的。缀满天空的繁星正是我们在幻想的飞行中所看到的。我们瞭望天空与我们在遥远星空的某一点观测天空，其最大的不同在于太阳和行星所处的突出地位。太阳光芒万丈，在白天完全遮蔽了漫天星辰。如果我们能够在最广泛的区域遮蔽太阳光，我们就能在白天看到围绕太阳的星辰，如同夜晚一样。这些天体围绕在我们周围，好似地球处于宇宙的中心，就像我们的祖先想象的一样。

# 宇宙是什么

我们可以把我们刚刚了解的宇宙同我们在天空所看到的最大限度地联系起来。我们所谓的天体分为两类：一类是由千百万颗星星组成的，其排列和外观我们刚刚讲过；另一类只由一颗星星为核心，另有其他星星在其某种影响下围绕着它，这一类在所有天体中对我们是最重要的。以太阳为中心的一些星星构成了一个小的星群，我们称之为太阳系。关于太阳系，我首先想告诉读者的是，相比于众星之间的距离，它的规模是很小的。就我们目前所知，太阳系周围的辽远空间里空空如也。如果我们能够横渡太阳系从一边飞到另一边，我们不会看到前方的星星越来越近，也不会看到星座与在地球上看有什么不同。天文学家能够用最精良的仪器准确地观察到近处的星球上发生的变化。

　　天体的大小和距离将会帮助读者想象宇宙是什么样子。设想我们在看一个天体的小模型，或许可以帮助我们认知天体的大小和距离（有一个概念上的认识）。在这个宇宙模型中，想象我们居住的地球是一粒芥菜籽。月球则是只有芥菜籽直径¼大小的微粒，放在距地球1英寸①的位置。太阳相当于一个大苹果，放在距地球40英尺②的位置。其他行星从肉眼看不见的微粒到豌豆大小按照大小排列，想象它们在距太阳10英尺至¼英里的距离上。然后，想象这些小东西在距太阳不同的位置上围绕太阳缓慢转动，绕行太阳一周的时间从3个月至165年不等。想象芥菜籽一年围绕大苹果转一圈，伴随一旁的月亮则每个月绕行地球一周。

　　按照这个比例，整个太阳系可以平放在半平方英里之内。在这个范围之外比整个美洲大陆还广大的区域内没有可见物质，除非或许有彗星散布在边缘地带。在比美洲大陆更加遥远的地方，我们会见到距离太阳系最近的一颗星，这颗星就像我们的太阳，可以视为一个大苹果。再远一些，每个方向都会看到星星了，但是它们彼此之间基本上都像距离太阳系最近

---

① 1英寸 ≈ 2.5厘米。
② 1英尺 ≈ 0.3米。

的那颗星和太阳那样遥远。小模型上地球大小的范围内恐怕只有两到三颗星。

由此可见，在我们之前设想的宇宙飞行中，即便我们仔细搜寻，像地球这样的小天体也可能被忽视。我们就像飞越密西西比河谷的人寻找隐藏在美洲大陆某处的一粒芥菜籽。即使那个代表光芒万丈的太阳的苹果也可能被忽视，除非碰巧在它附近经过。

# 第二节　天空万象

　　我们和天体之间的巨大距离使我们无法对宇宙的大小有一个清晰的概念，也很难想象天体与我们之间的真实关系。如果我们一望便知天体星辰离我们有多远，如果我们的眼睛能够对恒星和行星的表面明察秋毫，宇宙的真实结构早在人类研究天空之初就昭然若揭了。略加思考就能明白，如果我们远离地球，比方说在地球直径一万倍的高空，便无法看出地球的大小了，在阳光中地球看起来就像天空中的一颗星。古人没有这样的距离概念，所以他们认为天体所呈现的结构与地球截然不同。就是我们自己在瞭望天空的时候，也很难想象恒星比行星遥远数百万倍。所有的星星看起来都好似分布在同样高度的一片天空中。我们必须理性地认识星辰的实际分布和距离。

　　地球上的物体和天空中的物体之间距离上的巨大差异是很难想象的，因此思考二者之间的实际关系也非常困难。我请读者用心尝试用最简单的方式呈现这些关系，以便将实际情形和我们所见到的情形关联在一起。

　　我们来做一个假设，将地球从我们脚下移走，我们悬浮在半空中，这时便会看到各种天体——太阳、月亮、行星、恒星——都围绕着我们，上下、东西、南北各个方向都有。眼前除了天体看不到别的什么。正如我们刚才所讲的，所有这些天体看起来都与我们保持着相同的距离。

　　从一个中心点以同样距离分散在各个方向上的众多的点，一定都在一个中空球体的内表面上。由此可见，在这个假设中，呈现在我们面前的众天体分布在以我们为中心的球面上。既然天文学的终极目的之一是研究天体相对于我们的方位，那么这个在天文学中谈论的视觉上的球体就仿佛是真实的存在。这便是所谓的"天球"（celestial sphere）。在我们的假设中，由于地球不在原来的位置上，那么天球上的所有天体在任何时刻似乎都是静止的。几天过去了，甚至几周过去了，恒星貌似纹丝不动。而通过对行星进行数天甚至数周（观测的时间视具体情况而定）的观测，我们看到的实际情况是，行星在围绕着太阳缓慢移动。但这并不是一眼就可以察觉到的。最初我们认为，天球由固态的晶体构成，天体都固定在天球的内表面。古人将这一观点发展得更加接近事实，为此他们幻想有许多这样的天球层层嵌套在一起，从而形成天体的不同距离。

　　带着这个观点，我们将地球搬回脚下。现在我请读者们想象下面的情形，地球在无垠的天空中只是一个点而已，然而，当我们把地球搬回脚下时，地球的表面遮挡了我们的视线，宇宙的一半我们都看不到了；就像对于苹果上的爬虫，苹果将爬虫视线中一半的空间遮蔽了。地平线之上的一半天球是仍然能看见的，称为"可见半球"（visible hemisphere）；地平线之下的一半天球，因地球遮挡而看不见，称为"不可见半球"（invisible hemisphere）。当然，我们可以环球旅行从而看到后者。

　　知晓了上述事实，我再次请读者集中注意力。我们知道地球不是静止的，而是围绕地球中心轴不停旋转。这种旋转的直接后果便是天球看起来向反方向旋转。即地球自西向东自转，而天球似乎自东向西旋转。这种真实存在的地球转动称为"周日运动"（diurnal motion），因为地球的这种转动是一天旋转一周。地球的"周日运动"产生了星辰的视转动。

# 星辰的日常视转动

下一个问题是，地球自转这一简单概念同由此而产生的天体周日视运动所呈现出的复杂表象之间的关系。后者因观测者在地球表面所处的纬度不同而发生变化。我们从北纬中纬地区开始。

为此我们可以想象一个中空的球体代表天球。我们可以把它想象得同摩天轮一样大，不过直径30或40英尺足以满足我们的要求了。图1中是这个球体的内部，$P$和$Q$是固定大球的两个轴点，从而大球可以围绕这两个点在斜对角方向上旋转。在球体中心点$O$有一个过$O$点的水平面$NS$，我们就位于这个平面上。星座标记在球体的内表面上，整个内表面全部都是，但是下面半球上的星座由于平面的遮挡而看不见。显然，这个平面代表地平线。

现在大球开始围绕轴点转动，会有什么现象发生呢？轴点P附近的星星在大球转动时围绕$P$点旋转。圆周$KN$上的星星在经过$P$点下方时会擦到水平面的边缘。而那些距离$P$点较远的星星会掉落到水平面以下，掉落的程度取决于它们与$P$点的距离。圆周$EF$在$P$和$Q$的中点，其附近的星星则半程在水平面以上，半程在水平面以下。最后，圆周$ST$上面的星星永远不会转到水平面以上，因而我们永远看不见。

在我们看来，天球就是这样一个球体，而且无穷大。它看上去似乎一直围绕着天空中的一点不停旋转，这个点就是它的中心点。天球旋转一周的时间大约是一天，同时带着太阳、月亮和星星随之一起转动。星星保持着它们的相对位置，就好像固定在了不停旋转的天球上。这意味着，如果我们在晚上的任何时刻给星星拍一张照片，那么在其他时间星星呈现出的依然是照片中的情形，只要我们在正确的位置上拿着这张照片。

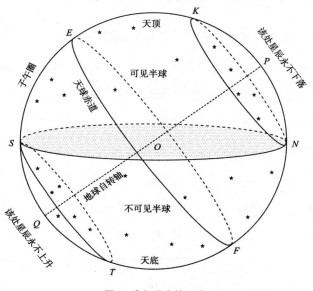

图1 我们眼中的天球

$P$ 所标注的轴点叫作"北天极"（north celestial pole）。对于北纬中纬地区（我们中的大多数人生活在此）的居民，"北天极"在北方天空，接近顶点和北方地平线的中点。我们生活的地方越往南，"北天极"越接近地平线，其高出地平线的海拔与观测者所处的纬度相等。北极星离北极很近，我们会在后面介绍如何寻找北极星。在平常看来，北极星似乎一直都在那里，从未移动过。现在北极星距北极1°多一点，不过此刻我们无须关注这个数字。

与北天极相对的是"南天极"（south celestial pole），二者在地平线两边是对称的。

显然，在我们所处的纬度看到的周日运动是倾斜的。当太阳冉冉升起的时候，似乎并非垂直于地平线，而是向着南方与地平线多少形成一个锐角。所以，当太阳落山的时候，它的运动轨迹相对于地平线仍然是倾斜的。

现在，想象我们拿着一副很长的圆规，足以触到天空。将圆规的一个尖放在天空中的北天极，另一个尖点在北天极下面的地平线上。保持在北天极的那个尖不动，用另一个尖在天球上画一个完整的圆。这个圆的最低点恰好在北地平线上，最高点在我们所处的北纬接近天顶。这个圆上的星星从来不会坠落，看起来只是每日围绕北天极转一圈，因而得名"恒显圈"（circle of perpetual apparition）。

在这个圈南面较远的星星升起又落下，但是越往南它们每天在地平线之上的轨迹就越少，最南点的星星在地平线上几乎看不到。

在我们所处的纬度，最南面的星星从来不会出现。这些星星在"恒隐圈"（circle of perpetual occultation）上，"恒隐圈"以南天极为圆心，就像恒显圈以北天极为圆心一样。

图2是北方能够看到的北天上在恒显圈上的主要星座。图中某月份在顶部时，我们看到的就是该月份晚上8点左右星座的情形。图中还画出了利用北斗七星，也就是大熊座，在中心寻找北极星的方法，即根据星座中最外边的两颗星指示的方向，这两颗星亦称为"指极星"（Pointers）。

现在，改变一下我们的纬度看看会发生什么。如果我们向赤道方向运动，地平线的方向就改变了。途中我们将看到北极星越落越低，随着我们逐渐接近赤道，北极星也逐渐接近地平线，当我们到达赤道时，北极星也落到了地平线上。很显然，恒显圈也越变越小，直至消失在赤道上，天球的两极落在地平线上。此时，周日运动也与我们这里有很大不同。太阳、月亮和星星都垂直升起。如果有一颗星在正东方升起，它将会经过天顶；如果从东方偏南升起，则会经过天顶南边；如果从东方偏北升起，则经过天顶北边。

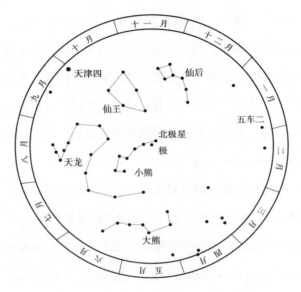

图2　北天与北极星

继续我们的行程，进入南半球，太阳依然从东方升起，通常经过子午线升至天顶北边。南北两个半球的主要差别是，在北半球，当太阳升至最高点时，太阳的视运动不是顺时针方向，而与我们此时所处的南半球一样是逆时针方向。在南纬中纬地区，我们熟悉的北天星座永远在地平线以下，但是能看到我们没见过的南天星座。其中有一些以美丽著称，如南十字星座。诚然，通常认为南天的星座更美丽，数量也比北天多。但是，现在发现这一观点并不准确。经过仔细研究以及对星星的数量进行统计，发现两个半球的星星数量一样多。人们之所以会产生之前的印象可能是缘于南半球的天空更加晴朗。也许因为气候干燥，南半球非洲大陆和美洲大陆的空气中烟雾比北半球少。

我们之前已经讲过北天星辰围绕极点的周日视运动，南天的星辰亦是如此。然而，因为没有南极星，所以无法辨别南天极的位置。南天极周围有一群小星星，但是这群小星星并不比天空中其他位置的星星更密集。当然，南半球也有恒显圈，而且越往南恒显圈越大。也就是说，围绕南天极的一圈星星永远不会坠落，始终围绕南天极旋转，而且旋转方向明显与其在北天极相反。南半球当然也有恒隐圈，那些环绕北天极而在北纬地区永远不会坠落的星星都在恒隐圈上。当我们越过南纬20°继续向南，便一点也看不到小熊星座了。继续向南，大熊星座也只是或多或少地偶尔露出地平线。

如果我们继续此次旅程到达南极点，我们会发现星星既不上升也不坠落。其围绕天空的运行轨迹是水平的，轨迹的圆心即南天极，与天顶重合。当然，这一现象在北天极亦是如此。

# 第三节　时间和经度的关系

我们都知道，地球表面南北方向上经过某地的线叫作该地的子午线。更准确地说，地球表面的子午线是连接南北两极的半圆。这样的半圆相交于北极点覆盖所有方向，从而可以画出经过任何地点的子午线。大多数国家都以经过格林尼治皇家天文台的子午线为基准计算经度，这其中也包括我国；而且美国和欧洲大多数国家的时间也据此设定。

与地球上的子午线相对应的是天球上的子午线，天球子午线起始于北天极，经过天顶，与地平线的南点相交，最后交于南天极。在地球自转的作用下，天球子午线与地球子午线随之一同转动，于是，天球子午线在一天的运行中经过整个天球。而呈现给我们的却是天球上的每个点在一天的运行中都要越过子午线。

太阳在中午时分经过子午线。在现代计时工具出现以前，人们根据太阳给钟表调时间。但是，由于黄赤交角和地球绕日轨道的偏心率，太阳连续两次经过子午线的时间间隔并不完全相等。那么就会出现这样的结果，如果一个时钟计时精准，太阳经过子午线的时间时而早于12点，时而晚于12点。当理解了这一点，便能够区分视时和平时了。视时是依据太阳而测定的时间，数值不尽相等；平时是依据钟表而设定的时间，每个月都非常精准。二者之间的差别称为时差。每年11月初和2月中旬时差达到最大值。11月1日太阳差16分12点经过子午线；二月份则是12点14分或15分经过子午线。

为了阐释平时，天文学家设想了一个平太阳，这个平太阳永远沿着天球赤道运行，从而经过子午线的时间间隔完全相等，而时间则有时早于真太阳有时晚于真太阳。这个假设的平太阳规定了一日的计算时间。也许我们用视觉上的景象更容易说明这个问题。想象地球是静止不动的，平太阳围绕地球转动，连续经过每一处子午线。进而想象世界各地相继进入中午时分。在我们所处的纬度，其速度每秒不超过1 000英尺，也就是说，如果我们这里正值中午，1秒钟后我们西边大约1 000英尺远的地方即是中午，下1秒再往西1 000英尺的地方就也是中午。如此经过24小时，直到中午再次回到我们这里。这一结果显然表明，东西方向的两个地点在同一时刻不会是一天中的同一时间。当我们向西旅行，会不断发现我们的手表比当地时间快，而向东旅行，则又慢了。这种时间变化称为地方时或天文时。之所以称为天文时是因其以某一地点的天文观测而测定。

# 标准时

过去，地方时给旅行者造成巨大的不便。每一条铁路都有自己的子午线基准时间，据此运行列车，旅客经常会因为不了解自己的手表或时钟与铁路时间的关系而错过火车。于是，1883年诞生了我们现在的标准时间系统。在这个系统中，每隔15°取一条标准子午线，这是太阳在1小时经过的空间。中午经过标准子午线的时间应用于标准子午线两边7°~8°的区域内，这便称为"标准时"（standard time）。标注这些时区的经度以格林尼治天文台为基准计算。费城在经度上与格林尼治天文台相距约75°，时间为5小时。更确切地说是5小时零1分。因此，中部诸州的标准子午线便取在费城偏东一点点。当平午经过这条子午线时，整个东部和中部诸州、向西直至俄亥俄州都是12点钟。1小时后，密西西比河流域是12点钟。再一小时后，落基山脉地区是12点钟。再过一小时，太平洋沿岸是12点钟。由此可见，我们使用四个不同的时间：东部时间、中部时间、山地时间、太平洋时间。这四个时间依次相差一个小时。据此，在太平洋沿岸和大西洋沿岸之间旅行的人，只要每次将手表调快或者调慢1小时，就可以在他所处的时区矫正时间了。

正是这个时差决定了各地的经度。试想，一个在纽约的观测者当某颗星经过该地子午线时轻敲一下发报键发电报，这个时间便在纽约和芝加哥记录下来。当这颗星到达芝加哥的子午线时，观测者以同样的方式记录下这个时间。这两次发报的时间间隔便是这两个地点的经度差。

用另一种方法也可以实现上述结果，观测者互相把所在地时间用电报发给对方，两地的时间差体现的便是经度。

在这种关系中，必须记住一点，天体出没遵循的是地方时而不是标准时。因此历书上给出的日出和日落的时间不能用来给我们的手表调整标准时间，除非我们处在标准子午线上。这两种时间有一个不同点，当我们向东或者向西旅行时，地方时不断发生变化，而标准时在我们每跨越一个时区的边界时才会调整1小时。

# 日期在何处变更

"午夜"和"中午"一样，不停地围绕地球转动，相继经过所有子午线，而每经过一条子午线便开启了那条子午线新的一天。假设某一次经过是星期一，那么再次经过时便是星期二。所以一定存在一条子午线，由此星期一进入星期二，每一天进入第二天。这条划分日期的子午线称为"日界线"（date line），是基于习惯和便利测定的。当殖民化向东西两个方向蔓延的时候，人们依旧按照自己的方式计算日期。结果，无论向东拓殖的人和向西拓殖的人何时相遇，他们发现彼此的时间总是相差一天，西行的人是星期一，而东行的人则是星期二。这便是美国人在到达阿拉斯加时遇到的情况。早先到达阿拉斯加的俄国人是东行至此，而我们接手该地是西行至此，于是乎发现我们的星期六已是俄国人的星期日。由此便产生一个问题，当地居民庆祝希腊教会的节日该如何计算日期呢，遵照旧的算法还是新的算法呢？这个问题提交给了圣彼得堡的教会领袖，最终交给了普尔科沃天文台（Pulkovo Observatory）的负责人斯特鲁维（Struve），普尔科沃天文台是沙俄帝国的国家天文研究机构。斯特鲁维写了一篇报告，支持美国的日期计算，从而日期计算方法得以妥善变更。

目前，习惯上规定与格林尼治天文台相对的子午线为日界线。这条子午线跨越太平洋，经过的陆地极少，只有亚洲东北角，或许还有斐济群岛的一部分。这种地理环境幸而避免了日界线若从一个国家内部穿过将造成的严重不便。若日界线从一个国家内部穿过，一个城市的居民可能与相邻却在日界线另一边的城市的居民在日期上相差一天。甚至，同一条街道两边的居民不在同一天过星期日。但是在大海里就不会发生这样的不便。日界线并不一定是地球上的子午线，为避免前述不便或许还会有所曲折。这便是为什么即便格林尼治180°经线从查塔姆群岛及其相邻的一个新西兰岛屿之间穿过，但是两个岛上居民的时间却是一致的。

# 第四节　如何确定天体的位置

本节将应用和解释一些专业术语。这些专业术语说明的概念对完整了解天空的运动和星星在随时观测时的位置是必不可少的。对于那些只想简要了解天空现象的读者，这一节不是必读的。我必须请一位想深入学习的读者和我一起对天球做深入的研究，就像在第二节中一样。回到图1，从中可以看出我们是在研究两个球体的关系。其中一个是真实存在的地球，我们就生活在地球表面上，地球带着我们每天自转一圈。另一个是视觉上的天球，在无尽的远方包围着地球。尽管这个大球并不存在，但是我们必须去想象，以便知道在哪儿寻找天体。值得注意的是，我们处在这个大球球心的地球表面上，我们看大球上的一切似乎都在它的内表面上。

这两个球上的点和圈之间是有关联的。我们已经讲过标记地球南北极的地轴是如何在这两个方向上延伸至宇宙空间指示天球南北极的。

我们知道，环绕地球的赤道与南北两极等距。同样，天球也有一个赤道，距南北天极都是90°。如果天赤道可以画出来的话，我们就可以在固定的位置上昼夜看得到。我们能够准确地想象出它看起来的样子。它在东西两个点上与地平线相交，事实上，它就是3月份和9月份太阳在地平线之上12小时之中周日运动在天空的轨迹。从最北方各州观察，天赤道经过天顶和南地平线中间，而且越往南其离天顶越近。

地球赤道南北都有平行于赤道而环绕地球的纬度圈，同样，天球上也有平行于天赤道的圈，分别以两个天极为圆心。地球上的纬度圈离极点越近越小，天球上亦是如此。

我们知道，地球上的经度是根据连接南北两极经过该地的子午线所在的位置测量的。而这条子午线与经过格林尼治天文台的子午线所成的角度便是该地的经度。

天空有着与地球相同的系统。如图3所示，想象那些从一个天极到另一个天极的圈，遍布所有的方向，与天赤道相交成直角，这些圈叫作"时圈"。如图所示，其中一个时圈叫作本初时圈。本初时圈经过春分点，这个点将在下一节讲解。春分点在天球上相当于地球表面的格林尼治。

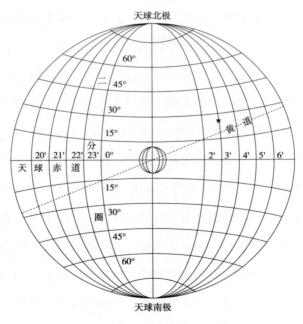

**图3　天球的经纬**

星星在天球上的位置与城市在地球上的位置一样，都是用经纬度来表示，不过使用的术语有所不同。在天文学上，与经度相对应的叫作"赤经"（right ascension）；与纬度相对应的叫作"赤纬"（declination）。于是便有了以下定义，请读者仔细记忆。

星星的赤纬是星星在天赤道南北与天赤道的视距离。图3中星星的赤纬为+25°。

星星的赤经是经过星星的时圈与经过春分点的本初时圈形成的夹角。图3中星星在赤经3时上。

星星的赤经在天文学中通常用时、分、秒表示，如图3所示，但同样也可以用度来表示，就像我们表示地球上某地的经度一样。赤经从时间单位换算成度只需要乘以15。这是因为地球1小时自转15°。图3中还可以看出，纬度的单位长度在地球上所有地方几乎都是一样的，而经度的单位长度则从赤道向天极逐渐变小，由慢及快加速递减。在赤道上，1经度大约为69.5法定英里，而在45°的纬度上就只有大约42英里了。在60°的纬度上，1经度已不到35英里，在天极则为0，因为子午线在天极相交于一点。

我们可以看到，地球自转的速度也遵循相同的法则递减。在赤道，15°相当于1 000英里，因此地球在此处的自转速度为每小时1 000英里，约为每秒1 500英尺。而在45°的纬度上，速度降至每秒1 000英尺多一点。在北纬60°则仅为赤道上的一半；在天极降为0。

在这个系统中，唯一的问题在于地球的自转。只要我们不动，我们便始终在地球的同一个经度圈上。然而，由于地球自转，天空中任意点的赤经却在不停发生变化，即便在我们看似是固定不变的。天球子午线和时圈的唯一区别在于，前者伴随地球转动，而后者则固定在天球上。

地球和天球之间几乎在每一点上都有严格的相似性。前者自西向东自转，后者似乎自东向西转。如图所示，设想地球在天球的中心，二者共同贯穿在一个轴上，便可对我们想要说明的关系有一个清晰的概念。

假设太阳如星星一样，似乎年年在天球上固定不动，那么已知星星的赤经和赤纬，便比实际上更容易找到。由于地球每年围绕太阳公转一周，因而夜晚相同时间天球视位置都在不停发生变化。下面便来说明这种公转的影响。

# 第五节　地球周年运动及其影响

众所周知，地球不仅自转，而且每年围绕太阳公转一周。其产生的后果，抑或说其实际造成的表象是，太阳看似在众星之中每年环绕天球一周。我们只须想象自己围绕太阳运动，于是便会看到太阳向反方向运动；也一定会看到太阳在比它更遥远的恒星中移动。当然，因为白天看不到星星，所以这种运动并非立刻就能看出来。不过，我们若天天专门观察西方某颗恒星，这种运动就会看得很清楚。我们会发现这颗恒星落得一天比一天早；换句话说就是离太阳越来越近。更确切地说，既然这颗恒星客观的方向并没有改变，那么便似乎是太阳在逐渐接近这颗恒星。

如果我们能在白天看见星星，那将是群星绕日，情况会更加明了。倘若早晨太阳和一颗星一同升起，那么一天之中太阳将会向东移动逐渐经过这颗星。出没之间，太阳移动的距离相对于这颗星接近自身的直径。而次日早晨则已远离这颗星，相距将近两倍其直径。图4是春分时节这一现象所呈现的图示。这个运动将月复一月地继续。经过一年，相对于这颗星，太阳已环绕天球一周，重新与这颗星相遇了。

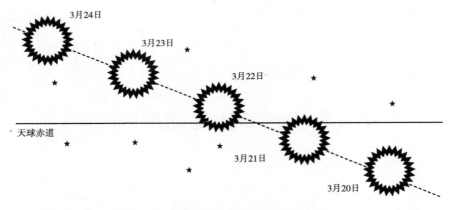

图4　太阳于3月21日前后经过赤道

# 太阳的视轨迹

上述影响是如何产生的参见图5，图5所示为地球围绕太阳运行的轨道，以及遥远的恒星。当地球在*A*点时，我们看到太阳在*AM*这条线上，就好像在*M*点的恒星当中。当地球带着我们从*A*到*B*时，太阳看似从*M*移动到*N*，以此类推进行一年。这便是太阳环绕天球的周年视运动，古人已经注意到，但是他们在绘制这一现象时似乎遇到了很多困难。他们想象有一条线环绕天球，太阳的周年运动总是沿着这条线，这条线叫作"黄道"（ecliptic）。他们发现在众星之中行星的运动轨迹与太阳通常的轨迹大体相同，而并非完全一致。黄道两边延展出来、宽度足以容纳所有已知行星和太阳的带状区域叫作"黄道带"（zodiac）。黄道带等分为十二个宫，每个宫标记为一个星座。太阳每月进入一个宫，一年经过所有十二个宫。于是便产生了我们熟知的黄道十二宫，并且与它们所在的星座同名。这与现在的情形已经有所不同，原因是岁差的缓慢影响，我们将很快会讲到。

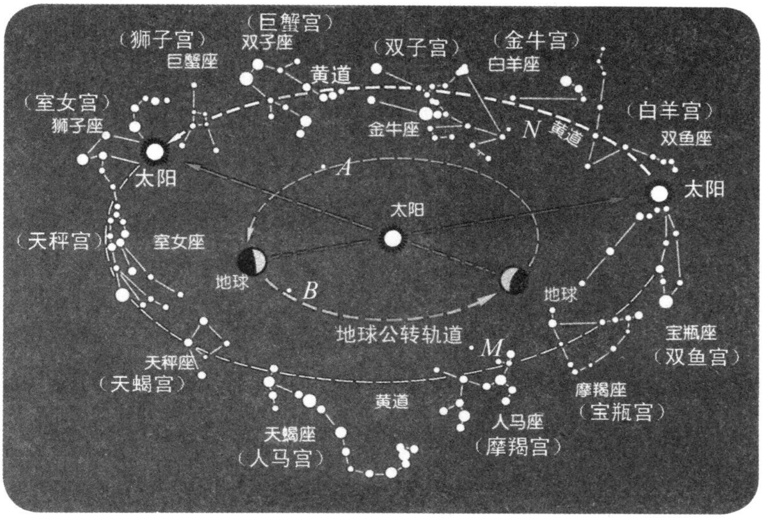

图5　地球轨道与黄道带

我们已经讲过的两个跨越整个天球的大圈是以完全不同的方式确定的。天赤道是由地轴的方向决定的，在两个天极中间横跨天球。黄道是由地球围绕太阳的运动决定的。

这两个圈并不重叠，而是相交于完全相对的两个点，形成一个23.5°或近似¼直角的夹角。这个角称为"黄赤交角"（obliquity of the ecliptic）。为了准确理解这个现象是如何产生的，我们必须说一下天极。从我们之前对天极的讲述中可以看出，天极仅仅是由地轴的方向决定的，而非天上的什么；它们只是天上相对的两个点，而刚好位于地轴的延长线上。天赤道是在两个天极正中间的大圆，也是由地轴的方向决定的，而与其他无关。

假设地球围绕太阳的轨道是水平的，并想象它是一个以太阳为中心的水平圆面的圆周。假设地球以这个水平面的中心点为圆心，围绕这个平面做圆周运动，那么，如果地轴是垂直的，地球赤道将是水平的，并且在这个水平圆周面上，因此，当地球围绕这个水平面做圆周运动时，天赤道始终以太阳为中心。那么，在天球上，由太阳运行轨迹决定的黄道将与赤道是同一个圈。产生黄赤交角是因为地球的轨道并非如刚才所假设的是垂直的，而是倾斜23.5°。黄道与水平面的倾斜角度与之相等，因此，黄赤交角是地轴倾斜导致的。有关这个问题的重要一点是，当地球围绕太阳公转时，地轴的方向在空间上是保持不变的；因此，地球的北极是偏离太阳还是正对着太阳，取决于地球在公转轨道上的位置。这个问题参见图6。图6中是我们刚才假设的平面，地轴向右倾斜。北极将永远向这个方向倾斜，无论地球在太阳的东面、西面、北面还是南面。

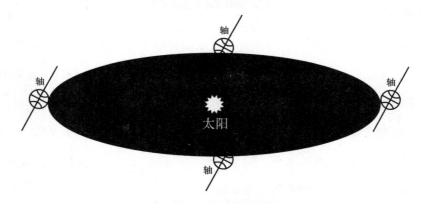

**图6　如何因黄道倾斜而有四季**

　　为了弄清倾斜对黄道造成的影响，我们再做一个假设，在某个3月21日的中午，地球突然停止自转，而继续围绕太阳公转。在此后的3个月中我们将会看到的情形参见图7，在图7中我们来看一看南天。我们看到太阳在子午线上，起初似乎是静止不动的。图中天赤道经过地平线东西两端如前所述，黄道与之相交于二分点。持续观测这个结果3个月，我们会发现太阳慢慢沿着黄道移动到"夏至"点，也是太阳到达的最北点，此时约为6月22日。

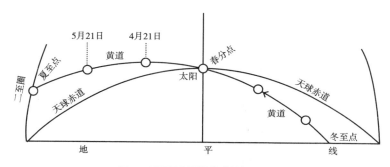

图7　春夏间太阳沿黄道的视运动

图8中我们可以继续追踪太阳的轨迹3个月。经过夏至点后，太阳沿着它的轨迹渐渐再次到达赤道，时间约在9月23日。太阳在一年中其余时间的轨迹与其前六个月的运动轨迹相对应。12月22日太阳经过在赤道上的最南点，之后在3月21日再次经过赤道。

我们观察到太阳周年视运动的轨迹上有四个最重要的点：第一，春分点，我们在此开始我们的观测。第二，夏至点，太阳所及最北点，从此开始回归赤道。第三，秋分点，与春分点相对，太阳经过此点的时间约为9月23日。第四，冬至点，与夏至点相对，是太阳所及最南点。

经过上述各点连接两个天极并且与赤道成直角的时圈叫作"分至圈"（colures）。经过春分点的分至圈称为本初子午线，是赤经的起点，前述已经讲过。与本初子午线成直角的两个分至圈称为二至圈。

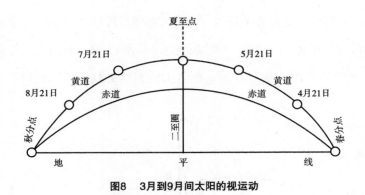

图8　3月到9月间太阳的视运动

　　下面来讲星座与季节及一天中时间的关系。假设今天太阳和一颗星同时经过子午线，明天太阳将会在这颗星东边1°，这表明这颗星比太阳早约4分钟经过子午线。这种情况将日复一日持续一整年，直到二者几乎再次同时经过子午线。由此可见，这颗星会比太阳多经过一次子午线。也就是说，一年中太阳经过子午线365次，而这颗星要经过366次。当然，倘若我们选取南天的一颗星，其出没次数和太阳是同样的。

　　天文学家用恒星日来计算恒星这一特别的出没现象。恒星日是一颗恒星或者春分点连续两次经过同一子午线的时间间隔。天文学家将恒星日分成24个恒星时，进而按照通常的时间关系分成分和秒。天文学家还使用恒星钟显示恒星时，恒星钟比普通的钟表每天快3分56秒。恒星正午便是春分点经过当地子午线的时刻。此时恒星钟设为0时0分0秒。可见恒星时以天球视运动为计时依据，于是，无论昼夜，天文学家只要看一眼恒星钟便可知道什么星正经过子午圈，星座都在什么位置上。

# 季节

如果地轴垂直于黄道面，黄道将与赤道重合，季节便会终年没有变化。太阳将永远在正东方升起，在正西方落下。气温只会有微弱的变化，原因是地球在一月份比六月份离太阳近一点点。由于存在黄赤交角，实际情况是，当3月份至9月份太阳在赤道以北的时候，北半球的光照时间比南半球长，太阳的角度也更大。在南半球，情况恰好相反，光照时间从9月份至第二年3月份比北半球更长。于是北半球是冬天南半球则是夏天，反之亦然。

# 真运动和视运动的关系

在往下讲之前，我们来从两方面给前述现象做个小结：一是地球的真运动，二是由地球真运动引起的天体视运动。

周日真运动是指地球围绕地轴自转。

周日视运动是指由地球自转引起的恒星在视觉上的现象。

周年真运动是指地球围绕太阳公转。

周年视运动是指太阳在群星中环绕天球运行。

周日真运动带着地平圈经过太阳和恒星。于是我们将眼前的情形说成太阳或者星星升起又落下。

每年大约3月21日地球赤道面从太阳以北向太阳以南移动，约9月23日又反方向移动。

也就是说，3月份太阳移动到赤道以北，九月份移动到赤道以南。

每年6月份，地球赤道面在太阳以南的最大距离上，12月份，地球赤道面则在太阳以北的最大距离上。

第一种情形太阳在北至点，第二种情形太阳在南至点。

地轴相对于地球公转轨道面的垂直方向倾斜23.5°。

其视觉结果便是，黄道向天赤道倾斜23.5°。

6月及夏季的其他几个月里，地球的北半球向太阳方向倾斜。北纬地区在地球自转的作用下与之一同旋转，在其运行周期中光照时间超过一半。而南纬地区则少于一半。

我们所看到的现象是，太阳在地平线上的时间超过一半，我们处在炎热的夏季；而在南半球则白天很短，时值冬季。

而我们在冬季的几个月里，情况则完全相反。此时，南半球向太阳倾斜，北半球远离太阳。于是，南半球进入夏天，白天变长，而北半球恰恰相反。


# 年和分点岁差

年的定义最简单不过的就是地球围绕太阳公转一周的时间。根据前述，确定年的长度有两种方法。一种是太阳连续两次经过同一颗恒星的时间间隔；另一种是太阳连续两次经过同一个二分点的时间间隔，即太阳连续两次跨过赤道的时间间隔。如果二分点的位置在恒星之间是固定的，那么这两种时间间隔便是相等的。但是古代天文学家根据长达几百年的观测发现，这两种方法所得出的年的长度并不相等。太阳经过恒星周期比经过二分点的周期长11分钟。这表明二分点的位置在恒星之间长年移动。这种移动就称为分点岁差。分点岁差的产生无关于任何天体，而完全是因为地球围绕太阳公转的过程中，地轴的方向积年累月在缓慢地发生变化。

　　假设图6中的平面可以保持6 000~7 000年，地球围绕其旋转6 000~7 000圈。最终我们将发现，地轴的北极不是如图中所示指向我们右手边，而是正对着我们。继续旋转6 000~7 000年以后，地轴北极将指向我们左边；第3个6 000~7 000年以后，地球北极将背对着我们，第4个6 000~7 000年之后，也就是总共约2.6万年之后，地轴的北极将回到它最初的方向。由于天极是由地轴的方向决定的，因而地轴方向的变化使之在天空慢慢走出一个半径为23.5°的圆。当前，北极星距北极点1°多一点。但是，北极点正逐渐靠近北极星，200年后就会超过北极星。距今1.2万年后，北极点将进入天琴座，距离这个星座中最亮的织女星大约5°。在古希腊时期，航海者并不认识什么北极星，因为现在的北极星在那时距离北极点10°~12°，北极点在北极星和大熊星座之间。而大熊星座正是那时的航海者所依据的方向标，是他们所谓的"北极星"（Cynosure）。

　　综上所述，既然天赤道在两个天极的正中间，那么在恒星当中也一定会有相应的位移。这种位移现象在过去的2 000年中产生的影响参见图9。既然春分点是黄道和赤道的交点，那么也会在这种位移的影响下有所变化。于是便产生了分点岁差。

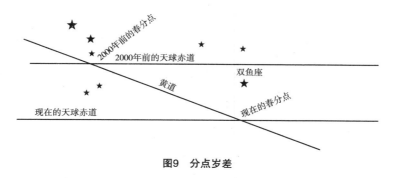

**图9　分点岁差**

前述我们讲过两种时间长度的年，分别叫作"回归年"（equinoctial year）①和"恒星年"（sidereal year）。回归年也叫作太阳年，是太阳连续两次回到春分点的时间间隔。其时间长度为365天5小时48分46秒。

太阳在赤道南北两边的位置决定了季节，于是太阳年或者回归年便成为计时系统。古代天文学家发现太阳年的长度为365.25天。早在托勒密（Ptolemy）时代②，年的长度就已经更加精确——差几分钟365.25天。现在几乎所有文明国家采用的格里高利历（Gregorian Calendar）便是基于这个年的时间长度的近似值。

恒星年是太阳连续两次经过同一颗恒星的时间间隔。其长度为365天6小时9分钟。

罗马儒略历（Julian Calendar）在基督教国家中一直沿用至1582年，其采用的年的时间长度恰为365.25天。后来发现儒略历年的长度比太阳年的实际长度多出11分14秒，这便导致季节在数百年间缓慢发生变化。为了避免这一问题，也为了历年的平均值尽可能准确，教皇格里高利十三世颁布一项法令，每4个世纪中有3个世纪从儒略历中去掉1天。据此，每个世纪的最后1年为闰年。在格里高利历中，1600年仍为闰年，而1500年、1700年、1800年和1900年都为平年。

格里高利历立刻为所有天主教国家所接受，也陆续为新教国家所接受，因此，在过去的150年中便为这两种信仰的国家所普遍接受。③但是俄国至今坚持使用儒略历。结果，俄国的时间比其他基督教国家晚了13天。

---

① 亦称"分至年"。——译者注
② 公元2世纪。——编者注
③ 中国于辛亥革命后开始采用。——编者注

1900年，俄国的新年是我国①的1月13日，我国的二月份是28天，而俄国是29天。因此，俄国1901年的新年更晚，是我国的1月14日。

## 知识拓展

### 农历

农历是我国的传统历法，它是一种特殊的阴阳历，以华夏始祖轩辕黄帝登基为元年，主要规则历经多个朝代逐渐完善，一直延续至今。

农历的月是按朔望月周期来定，朔所在日为初一，一个朔望月周期约29天半，所以分大月和小月，大月30天，小月29天。大月和小月相互弥补，使历月的平均长度接近朔望月。农历的年有平年和闰年，平年12个月，闰年13个月，其中某一月为闰月。

农历具有天文年历的特性，能很好地和各种天象对应，且人为因素小，不易随意改动。它作为阴阳合历，最能体现汉民族天人合一、阴阳和谐的传统文化。

---

① 指作者的祖国即美国。——译者注

# 第二章　天文仪器

# 第一节　折射望远镜

在科学研究中，使用望远镜是最令人感兴趣的事情。我想读者也一定很想了解望远镜到底是什么，用它能够看到什么。完整的望远镜，例如天文台上专用的，结构非常复杂。但是它的几个核心内容却只需细心留意便可大致掌握。了解这些之后再到天文台观察这些仪器时，能比对此一无所知的人体会到更多乐趣和知识。

众所周知，望远镜的重要用途是能让我们觉得远处的物体看上去很近，当我们看一个几千米之外的物体时竟感到它仿佛就在几米远。产生这种效果就是因为其中有一些类似我们平时使用的眼镜的很大、打磨精细的透镜。收集物体的光至少有两种方法：让光通过许多透镜或者用凹面镜反射光。因此望远镜也分为两种：一种叫折射望远镜，另一种叫反射望远镜。我们从前者开始讲起，因为它更加常见。

## 望远镜的透镜

折射望远镜的镜头有两个组成部分，或者说有两个系统：一个是对物镜，有时简称"物镜"（objective），它使远处的物体在望远镜的焦点上成像；另一个是目镜，有了它才能看见焦点上的成像。

物镜是望远镜上最复杂和精密的部分。其制作技术比其他所有部分都要精细。制作物镜所需的非凡天赋从下面这个事例便可窥见一斑。几十年前，世界各地的天文学家相信全世界只有一个人有能力制作最大号的精良物镜。这个人就是阿尔万·克拉克（Alvan Clark），很快我们就会讲到此人。

物镜通常有两个大的透镜。望远镜的性能完全取决于透镜的直径，称为望远镜的"口径"（aperture）。口径的大小不等，小到小型家用望远镜的3、4英寸，大到耶基斯（Yerkes）天文台的大型望远镜的3英尺以上。为什么望远镜的性能取决于物镜的直径呢？原因之一是，为了看清放大了一定倍数的物体，在其自然亮度的基础上，所需要的光超过放大率的平方。比如，倘若我们有100倍的放大率，我们就需要10 000倍的光。我的意思不是任何时候都必须有这么多的光，并不是这样的，因为我们看一个物体，通常在比其自然光照弱的情况下便能看清。但是，我们仍然需要一定的光亮，否则就会太暗了。

为了在望远镜中清晰地看到远处的物体，最重要的一点是，物镜必须将来自被观察物体上每一点的光线全部集中在一个焦点上。如果做不到这一点，不同的光线略微分散到不同的焦点上，那么物体看起来就是模糊的，就好像是透过一个不适合自己的眼镜看一般。现在我们知道，无论是用什么玻璃做成的透镜，单独一片都不能将光线集中在一个焦点上。读者一定都知道，无论是来自太阳的普通光线还是来自星星的普通光线，都有无数不同的颜色，透过三棱镜这些颜色便可彼此分开。这些颜色的排列顺序，从红色一端起依次为黄色、绿色、蓝色和紫色。单片透镜将这些不同的光线发散到不同的焦点上；红色光发散得离物镜最远，紫色光离物镜最近。这种光线的分离叫作"色散"（dispersion）。

　　两百年前的天文学家无法解决透镜的色散问题。直到大约1750年，伦敦一个叫多兰德（Dollond）的人发现使用两种不同的玻璃可以彻底解决这一弊端，这两种玻璃分别是冕玻璃和火石玻璃。这种方法的原理很简单。冕玻璃的折射率与火石玻璃几乎是相同的，而色散率几乎是火石玻璃的两倍。于是，多兰德用两种透镜做了一个物镜，其剖面图如图10所示。先用冕玻璃做一个普通的凸透镜，再用火石玻璃做一个凹透镜。这两个透镜的曲度相反，对光产生的作用也恰好相反。冕玻璃使光聚集在一个焦点上，而火石玻璃由于是凹形的，则使光是发散的。如果单独使用这两个透镜，光线穿过透镜后不仅不会聚焦在一个点上，反而是从一个焦点向不同方向越来越分散。现在，将火石玻璃的折射率做成只有冕玻璃的折射率一半多一点。这一半的折射率足以抵消冕玻璃的色散率；却仍能保持一半以上的折射率。这两种透镜的联合使用，使得所有的光线穿过由二者制成的物镜后几乎全部集中于一个焦点，而且这个焦点要比单独使用冕玻璃产生的焦点远一倍。

火石玻璃

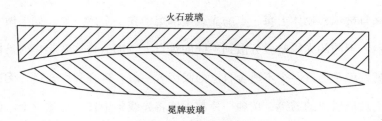

冕牌玻璃

**图10　望远镜中物镜的一部分**

　　我一直在说几乎集中于一个焦点，之所以强调"几乎"这个词，是因为很遗憾，两种玻璃结合使用并不能将所有不同颜色的光线完全集中在同一个焦点上。对于较明亮的光线，色散确实可以变得很微弱，但却不能完全消除。望远镜越大，这一缺陷越严重。使用任何一架大型折射望远镜观测明亮的星星，都会看到星星周围有一圈蓝色或紫色的光晕。这便是两种透镜没有把蓝色光或紫色光聚焦到其他颜色的光线所集中的焦点上而造成的。

# 远处物体的成像

通过物镜将光线集中在焦点上，远处的物体便得以在焦平面上成像。焦平面是经过焦点，与望远镜的视线或者视轴成直角的平面。

何为望远镜成像，我们在摄影师准备照相的时候和他一起往照相机的毛玻璃里看一看便可一目了然。你会在毛玻璃上看到一张面孔或者远处的风景。事实上，照相机就是一个小型望远镜，毛玻璃或者安装用于拍照的感光板的地方就是焦平面。我们也可以反过来说，望远镜就是一个大型长焦照相机，可以给天空拍摄照片，就像摄影师用照相机拍摄普通照片一样。

有时我们可以通过理解一件东西不是什么而更好地理解这件东西。发生在50年前或者更早的那起著名的月亮骗局中，有一句话说明了影像不是什么。作者写道，约翰·赫歇尔爵士（Sir John Herschel）和他的朋友发现，当他们使用极大的放大率时，光线不足看不清影像，有人提出对影像进行人工光照，结果令人惊讶——竟然连月球上的动物都能看到。如果包括聪明绝顶的人在内的大多数人没有被骗，我就不用说下面的话了：望远镜所成的像在本质上是不受外来光线影响的。因为它并不是实像，而是虚像。虚像是由于远处物体的任何一点上的光线都相交在影像上相当的点上，再从该点散开，在焦平面上形成的一幅物体的图画而已，这幅图画只是由光聚焦而画成的，没有其他物质。

假设物体的影像（或者说图画）是在我们眼前形成的，大家可能要问：为什么需要用目镜看它？为什么观看者站在图画后面向物镜望，不能看见图画悬在空中？其实他可以这样做：只需像摄影师对待相机那样把一片毛玻璃放在焦平面上，影像就会显现在毛玻璃上，这样他就可以不通过目镜直接向物镜看毛玻璃上的影像。但这样做无论在哪个点上都只能看见影像的一小部分，因此只用物镜看并没有多大好处，想要好好看还得用目镜。目镜本质上和钟表匠的小眼镜是一样的，焦距越短，观察得就越精细。

经常有人问：著名望远镜的放大倍率有那么大？答案是，放大倍率不仅靠物镜，更要依赖于目镜，天文望远镜都配有许多不同的目镜，焦距越短，放大倍率越大。观测者可根据需要使用。

在几何光学原理允许的范围内，我们可以在不论大小的任何望远镜上得到任何放大率。用普通的显微镜来观察影像，我们可以使一个口径10厘米的小望远镜拥有与赫歇尔的大反射望远镜同等的放大率。但是在实际操作中想要使望远镜的倍率超过一定程度是有许多困难的。首先面临的是物体表面的光很微弱的问题。假设我们用口径8厘米的望远镜来观测土星，使它放大数百倍，影像就会很暗淡，看不清楚。这还不是唯一的困难。按照光学的一般定律，我们是无法把每3英寸口径的放大率提高到50倍以上的，最多不能超过100倍。也就是说，在一架3英寸的望远镜上使用150倍以上的放大率不会有什么好处，更别说300倍以上了。

但是，大型望远镜也有缺陷，因为无法将所有光线完全集中于一个焦点。使用放大率也存在局限，虽然很难准确解释，但是当观测者在望远镜中看到之前提到的蓝色光圈时就会明显感觉得到。

还有一个最困扰天文学家的问题，只不过人们并不清楚。

我们观测天体要透过厚厚的大气层，整个大气层如果压缩到我们周遭大气的密度，厚度约有6英里。我们知道，当我们看6英里以外的一个物体时，这个物体的轮廓是模糊不清的。这主要是因为光线必须穿过大气层，而大气是流动的，于是便产生了不规则折射，使物体看起来起伏不平而且抖动。由此产生的模糊的效果也在望远镜中和物体放大同样的倍数。从而，视觉的模糊程度随着放大率的增加而等比例增加。模糊的程度与空气状况有很大关系。天文学家认识到这一点，便试图找到非常纯净的空气，或者更加稳定的空气，以便透过大气层看到清晰的天体。

我们经常会看到一些计算，证明使用高倍望远镜可以使月亮看起来离我们有多近。例如，放大率为1 000倍，月亮便好似距离我们240英里；放大率为5 000倍，月亮距离我们则好似48英里。就月亮表面上物体的视大小而言，这种计算非常准确，但这种计算既没有考虑望远镜的缺陷，也没有考虑大气层的负面影响。鉴于以上两点不利因素，这种计算结果并不符合实际情况。我不认为天文学家用1 000倍以上的放大率研究像月亮和行星这样的物体时，现有的望远镜会发挥巨大的作用，除非大气层在极为罕见的情况下不可思议地静止了。

## 望远镜的安装

那些从未用过望远镜的人可能会认为用望远镜观测只是简单地将其

对准天体，然后在望远镜中对天体进行观察。让我们试着将一个大型望远镜对准一颗星。一幅我们从未想过的景象立刻呈现在我们眼前。这颗星不是停留在望远镜的视场里，而是很快便因为周日运动跑了出去。①这是因为，当地球围绕地轴自转时，星星似乎向反方向移动。这个运动被放大到与望远镜的放大率相同的倍数。因为放大率很高，我们还没来得及观察星星便跑出了视野。

同时，必须记得视野也同样被放大了，实际比看起来要小，缩小的比例等于放大率。举例说明，如果使用1 000倍的放大率，一个普通望远镜的视野用角度测量大约是2分，那么这片天空便小到裸眼看就是一个点。就好似有一个18英尺高的房子，其房顶上有一个直径为⅛英寸的洞②，我们在通过这个洞看星星。想象一下试图通过这样的洞看星星，便会很容易明白在星星的运动中寻找并跟踪它会是一件多么难的事情。

这个问题可以通过妥善地安装望远镜来解决，最重要的是使两个轴互相垂直。"安装"（mounting）是针对全套机械装置而言，借助整套装置，望远镜便可瞄准星星，并在其周日运动中跟踪它。为了不因为一开始就研究仪器的细节而分散读者的注意力，我们先用图11说明望远镜座轴的原理。主轴叫作极轴，与地轴平行指向天极。因为地球自西向东旋转，一个与主轴相连的发条装置使仪器与之同步地自东向西转动。如此，望远镜在反方向上的同步转动便抵消了地球的自转。当仪器瞄准星星，运转发条

① 作者回忆，当詹姆斯·里克先生（Mr.James Lick）建造那个闻名于世的天文台时，作为天文台的特色，大型望远镜似乎是他唯一感兴趣的，他计划用几乎全部资金制造尽可能最大的透镜。他并不明白为什么天文学家需要用这么复杂的设备。他需要了解用望远镜观测天体所遇到的困扰。

② 这个名词的意思是在望远镜中看到的一小片圆形的天空。

装置，星星一旦被捕捉到便停留在视场中了。

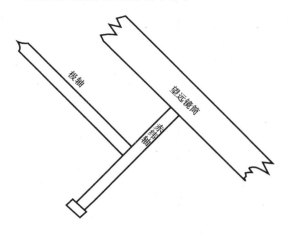

**图11　望远镜转动的轴**

为了使望远镜可以随意瞄准天空中任何一点，还必须有另一个轴，并且与主轴垂直。这个轴叫作赤纬轴。赤纬轴穿在一个套子里固定在主轴的上端，与主轴交叉成一个T字形。转动安装在这两个轴上的望远镜，便可以瞄准任何我们想观察的目标。

极轴平行于地轴，从而极轴与地平的倾斜角度等于当地的纬度。在我们所处的纬度，特别是在美国南部，极轴更倾向于水平，而在北欧各天文台则更倾向于垂直。

我们讲的这个装置设备并不能把星星带进望远镜的视场中，用通俗的话说就是不能发现星星。我们可能来回找上几分钟甚至几小时都徒劳无获。寻找星星可以通过以下两个步骤：

每个用于天文观测的望远镜都配有一个小望远镜固定在镜筒下端，叫作"寻星镜"（finder）。寻星镜的放大率较低，因而视场较大。如果观测者能够看见星星，视线就可以沿着寻星镜的镜筒将寻星镜基本上对准星星，星星便在寻星镜的视场中了。在寻星镜中看到星星后移动望远镜，将星星置于视场的中心。此时星星已经在主望远镜的视场中了。

但是，天文学家需要观测的大多数天体都是肉眼完全看不见的。因此就需要有一个系统帮助望远镜瞄准星星，这个系统便是刻度盘，分别固定在两个轴上。其中一个刻度盘上刻着度数，精确到小数，是望远镜所瞄准的天上那个点的赤纬。另一个固定在极轴上，叫做时圈，划分为24小时，每小时再划分为60分。天文学家若想找一颗星，只要看着恒星钟，用恒星时减去这颗星的赤经，便是此刻这颗星的"时角"，或者这颗星在子午线以东或以西的位置。将赤纬刻度调到这颗星的赤纬，即转动望远镜直到放大器下面刻度盘的度数等于这颗星的赤纬；然后转动极轴上的仪器，直到时圈调到这颗星的时角。此时，启动发条，便可在望远镜里看到要找的目标了。

如果上述操作对读者来说太复杂的话，只要参观天文台，便会知道做起来有多么简单。相比单纯讲解，实践会让这些学术问题更加清晰明了，几分钟便能让人明白什么是恒星时、时角、赤纬等专业概念。

# 望远镜的制作

我们再来看一些有趣的问题，主要是望远镜的制作历史。我们已经说过，望远镜制作中的最大难题是物镜的制作，在技术上需要罕见的特殊天赋。物镜最薄的地方只有 $1/1\,000\,000$ 英寸，制作过程的细微偏差都将毁坏成像。

使玻璃成型的技术，也就是将玻璃打磨成合乎要求的形状的技术绝不是制作望远镜的全部，制作出均匀度和纯净度符合要求的大型玻璃盘也是同样困难的实际问题。玻璃的纯净度有任何的不完美与形状上的缺陷一样会影响镜片的性能[①]。

19世纪以前，将火石玻璃制成足够的均匀度是非常困难的。这种物质含有大量的铅，铅在玻璃熔解的过程中会沉到熔炉底部，从而使底部的折射率大于上部的折射率。于是在当时，口径在四到五英寸的望远镜便是大型望远镜了。19世纪初，一个叫吉南（Guinand）的瑞士人发现了一项工艺，应用这项工艺便可制作出较大的火石玻璃片。他声称掌握这项制作技术的秘密工艺，但是有理由相信，他的秘密就是玻璃在熔炉里熔解的过程中持续用力地搅拌。但是，即便这可能就是事实，他毕竟成功地将玻璃片做得越来越大。

这些玻璃片还需要掌握相关技术的光学仪器制作技师进行打磨和抛光，制作成符合要求的形状。慕尼黑（Munich）的弗劳恩霍夫（Fraunhofer）便是这样一位大师，大约在1820年，他制作了一个口径为9英寸的望远镜。他并没有满足于此，约1840年，他成功制作出两个口径为14德制英寸（约15英制英寸）的物镜。二者远远超越了之前的所有物镜，在当时被认为是奇迹。其中一个用在了俄国的普尔科沃天文台，另一个用在马萨诸塞州坎布里奇市（Cambridge，Massachusetts）的哈佛天文台（Harvard Observatory）。后者在半个多世纪后仍在发挥效力。

---

[①] 不熟悉制作大型望远镜的精密所在的人经常提议用适当形状的不同玻璃片拼接成一片透镜，虽然看似巧妙，却完全不可行，原因很简单，即不可能制作出两片折射率完全相同的玻璃。

# 阿尔万·克拉克及其天赋

佛劳恩霍夫去世后，他的技术不知是失传了还是传给了继承者。不过，他的继承者似乎在一个谁也想不到的地方出现了，这个人是马萨诸塞州坎布里奇市一个名不见经传的肖像画家，名叫阿尔万·克拉克。这个人几乎没有学习过专业技术，也没接受过使用光学仪器的训练，竟然取得了非凡的成就，这件事明显地说明在这种情况下与生俱来的天赋是多么重要。他似乎对问题的本质有一种直觉，在解决问题上又具有非凡的视觉敏锐度。在天赋的强烈驱使下，他在欧洲购买了制作小型望远镜所必需的光学毛玻璃片。成功制作出一个令其满意的4英寸口径的望远镜后，制作上的技术难度使他的技术为天文学家所知晓。遗憾的是这却令其职业生涯一度很艰难。哈佛天文台的负责人不相信克拉克先生能够做出真正的好望远镜。当这位光学仪器大师带着他做的第一个仪器到天文台接受测试时，天文学家注意到星星后面拖着一个小尾巴，显然这个小尾巴并不是客观存在的，于是便认为是由玻璃形状的严重缺陷造成的。克拉克先生看了以后，确信这个小尾巴之前并不存在。当时他并不能对此做出解释，不过后来发现那是望远镜的镜筒中空气温度的变化造成的，当时那架望远镜在室外放置了一夜。

由于在国内不能得到真正的认可，克拉克先生决定去国外试试。他制作了一个更大的望远镜，在用这个望远镜观察天空的时候发现了几个距离很近因而难以发现的双星。他将双星的观测情况记录下来，寄给了英格兰的一位天文学家W·R·道斯（Rev. W. R. Dawes），这位天文学家致力于这一领域的科学研究。道斯先生为人非常好。他仔细查看克拉克描述的双星，发现找到它们极为困难。但是克拉克的描述非常准确，他清楚地意识到克拉克先生的仪器一定是最高级的。他写信给克拉克请他观测其他一些天体并将观测情况记录下来。当他收到观测笔记时，发现内容极为准确，不用有任何怀疑了。从此，二人继续通信，道斯先生买下了克拉克先生当时能够制作的最大最好的天文望远镜，二人的友谊在道斯先生有生之年一直保持着。

至此，克拉克先生已为国内所认可，决心制作一个当时前所未有的最大的折射望远镜。这个望远镜是为密西西比大学（the University of Mississippi）制作的，直径为18英寸，约完成于1860年。在其工作室对该望远镜进行测试期间，他的儿子乔治·B·克拉克（George B.Clark）用这架望远镜发现了一颗最有趣的星星。这是一颗天狼星的伴星，其存在因其对天狼星产生的引力作用已为人所知，但从未有人亲眼看见过。密西西比大学因内战的爆发而无法将望远镜拿走，于是为芝加哥市民所购得。这架望远镜现在安放于伊利诺伊州爱文斯顿市（Evanston，Ill）的西北大学（the Northwestern University）。

英格兰的长思（Chance）和康普尼（Company）有一家玻璃工厂，这家伟大的玻璃工厂继续将玻璃片做得越来越大。但是他们感到这项工作太精细而且太麻烦，便同意将这项工作交给巴黎的费尔（Feil），他是吉南的女婿。在这两家的玻璃供应下，克拉克先生制作出的望远镜越来越大。第一架的口径为26英寸，为华盛顿的海军天文台（Naval Observatory）制作，另一架相同口径的是为弗吉尼亚大学（the University of Virginia）制作的。接下来是更大的一架，口径30英寸，为俄国的普尔科沃天文台制作。再下一个是为加利福尼亚州的里克天文台（Lick Observatory）制作，36英寸口径，这架望远镜成绩斐然。

费尔死后，业务由曼陀伊思（Mantois）接管，他做出的光学玻璃在净度和均匀度上超越所有前人。克拉克用他提供的玻璃片为芝加哥大学（the University of Chicago）的耶基斯望远镜制作了物镜。这个物镜的直径大约40英寸，是目前用于天文观测的最大的折射望远镜。

读者无疑会对1900年巴黎博览会（the Paris Exposition）上那个最大的望远镜感兴趣，它以47英寸的口径而大过芝加哥的那个望远镜。这架望远镜由于尺寸巨大没有正常安装也没有指向天空。它被固定在一个水平的南北方向的位置上，一个巨大的平镜将来自物体的可见光反射给它。这个装置是否因为这个巨大的物镜而获得成功尚未经过精确的天文学验证，它一直未投入使用，因为担心其有制作缺陷而无异于一个玩具。

图12　耶基斯天文台的大型折射望远镜，由华纳和斯瓦奇安装

机械问题对于安装一个大型望远镜绝非是一件小事。克拉克先生在这方面并不如他在物镜制作方面成功。后来建造的望远镜，其大型仪器的安装都是由其他方面来完成的。普尔科沃望远镜是由汉堡（Hamburg）的瑞索德斯完成安装的，他是欧洲最著名的高级天文仪器制造商。

里克和芝加哥的望远镜是由俄亥俄州克利夫兰（Cleveland，Ohio）的华纳（Warner）和斯瓦奇（Swzey）安装的（如图12所示），他们在这类工作中享有极高的声誉。在安装芝加哥的望远镜时，他们设计的组件安排超越了以往的所有想法。望远镜的瞄准和移动全部由电动控制，观测者只要按动电钮即可。

# 第二节 反射望远镜

折射望远镜是最为普及的一种望远镜，不过还有另外一种类型的望远镜，其结构与之完全不同。其最主要特点是物镜的功能由略成凹形的镜子实现。读者肯定都知道，这种镜子能将照射在它上面的平行光反射到一个焦点上。这个焦点在镜子与其弯曲中心点的正中间。

这种望远镜的最大优点是避免了"第二级像差"（secondary aberration），我们已经讲过"第二级像差"是折射望远镜的固有问题。这种望远镜的另一个优点是尺寸可以制造得比其他望远镜都大。我们已经讲过，目前最大的折射物镜是4英尺；40英寸口径的耶基斯望远镜是迄今为止实际用于天文学研究的最大的望远镜。而50多年以前，爱尔兰的鲁斯勋爵（Lord Rosse）制造出了直径为6英尺的反射望远镜，这也是他做出的最大的望远镜。仅从尺寸判断，这个望远镜的亮度应该比目前的任何折射望远镜都高出几倍，因而可以看到更为微小的星星。但事实上，由于某种原因，它的性能与尺寸并不相符，这也是反射望远镜普遍存在的问题。

## 知识拓展

反射望远镜的优缺点

反射望远镜有很多优点，如没有色差、观测范围广、相对于折射望远镜更加易于制作等。但它也存在固有的不足，如口径越大视场越小、物镜需要定期镀膜等。

反射望远镜在使用中会遇到很多实际问题。首要的也是最明显的就是光线沿着来路反射回去。为了看清成像，观测者必须像往常一样看镜子。如果观测者正对着镜子看，他的头和肩膀就会把射向镜子中心的光线挡住。因此需要有一种装置使这个光线向其他方向反射。方法有两种。一种是卡塞格林（Cassegranian）反射镜，这是一种曲度很小的小镜子，夹在焦点和主镜之间。主镜的中心开一个小孔，通过这个孔小镜子将光线反射回去。小镜子的曲度及小镜子和小孔的位置都需要精准校正，从而使远处目标的像呈现在小孔里。这种望远镜只有一台投入使用，是巨大的墨尔本反射望远镜，直径为4英尺，由都柏林的霍华德·格鲁伯爵士（Sir Howard Grubb）制造。

此类望远镜使用得最多的是艾萨克·牛顿爵士（Sir Isaac Newton）设计的那一种。这种望远镜有一个倾斜的反射镜，或许就是一个三棱镜，放置在焦点里。其反射面与望远镜的轴成45°角，从而把光线向侧面反射到镜筒上的一个普通目镜上。这便是牛顿式反射望远镜，如图13所示。

值得注意的是，尽管反射望远镜的制作与安装在机械方面需要极大改进，但是却未见任何努力，就连鲁斯勋爵建造的那种尺寸巨大的装置也是如此。目前制造成功并投入使用的最大口径是4英尺。约在50年前，拉塞尔（Lassell）先生制作了一架同一尺寸的望远镜，并用其发现了天王星的两颗新星。不久前，英国皇家学会（F. R. S）成员A·A·考门（A. A. Common）先生制造了一个同样尺寸的物镜。这种物镜被用来给星云和其他昏暗的天体拍照，因为这个类型的望远镜设计似乎非常适合于此。

大型物镜在使用中的最大难题是因为自重而发生弯曲。似乎一旦直径超过4英尺，还不曾有彻底克服这一难题的成功先例。里奇（Ritchie）先生正在耶基斯天文台建造一个直径为5英尺的物镜，希望所有的难题都会在这次建造中得到解决。

鲁斯勋爵和拉塞尔先生制造的望远镜，其中的物镜由一种合金制成，叫作镜用合金。最近，镜用合金已为另一种工艺所取代。采用大玻璃片制作凹面镜，将之打磨抛光成类似球面，更准确地说是抛物面，这是将所有光线聚集到一个焦点所必需的。然后在玻璃表面镀上一层薄薄的银制涂层，这种涂层易于镜面抛光，比金属抛光后反射的光线要多得多。

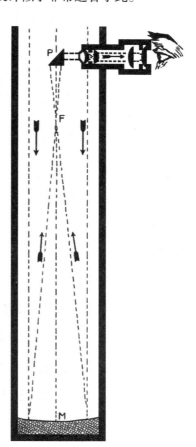

图13　牛顿式反射望远镜的一部分

# 第三节　照相望远镜

天体摄影是当今天文学实践的一个巨大进步。这个进程其实很简单，以至于其进展之慢似乎有些奇怪。早在19世纪40年代，纽约著名的化学家德雷珀（Draper）教授就成功拍摄了一张月亮的达盖尔银版（daguerreotype）照片。当前应用玻璃底片的照相系统发明后，哈佛天文台的邦德（Bond）教授和纽约杰出的天文学家L·M·卢塞福（L. M. Rutherfurd）先生开始给月亮和星星拍摄艺术照片。卢塞福先生拍摄的照片非常完美，他所拍摄的昴星团照片和其他星团的照片至今仍然在天文学领域具有极高的价值。

普通照相机也可以给星星拍摄照片，只要在上面安装一个类似赤道仪的设备，这个照相机就可以在周日运动中追踪星星了。几分钟的曝光足以在一张照片中拍到比肉眼所见多得多的星星；实际上，这在大型照相机上连一分钟都用不上。天文学家普遍使用的是照相望远镜。普通望远镜就可以满足这个用途，但是为了获得最佳拍摄效果，望远镜的物镜必须是特制的，能够把所有光线都聚集到一个焦点上从而使相机胶卷达到最佳感光效果。在过去的几年中科技飞速进步，似乎未来的大部分天文工作都可以由照相技术完成。应用这个技术的巨大优势在于，当天空中的天体或者星星拍成照片以后，天文学家就可以从容而且专注地对照片进行研究和评估，而天文观测在某种程度上几乎总是很匆忙，又受到星星周日运动的影响。

以前研究太阳黑子是通过用望远镜注视太阳，记录黑子的数量，并测量黑子在日面上的位置。现在，在格林尼治天文台及其他地方，几乎每天都给太阳拍摄照片，测量照片就可以找到黑子的位置。如此，对太阳及其表面持续性变化的研究年年都在继续。

以前，天文学家通过画图来研究彗星的物理结构。这个方法极为不准确，因为通常情况下，没有两个人在微小的细节上会完全一致。现在，彗星被拍摄下来，在底片上进行研究。星云也是如此。照相取代了画图，比画图提供了更多的信息。

## 知识拓展

### 其他望远镜

除了上文介绍的天文望远镜，常用的还有以下几种：

折反射望远镜：是在球面反射镜的基础上，加入用于校正像差的折射原件，以省去困难的大型非球面加工，又使成像质量良好。出现于1814年。比较著名的有施密特望远镜和马克苏托夫望远镜。

射电望远镜：是探测天体射电辐射的基本设备。它可以测量天体射电的强度、频谱及偏振等量，要求具有高空间分辨率和高灵敏度。

空间望远镜：在地球大气外进行天文观测的大望远镜。第一架空间望远镜是哈勃望远镜。

红外望远镜：接收天体的红外辐射的望远镜，常置于高山区域。最大的红外望远镜是1991年建成的凯克望远镜。

# 第四节　光谱仪

光谱仪是用来对光进行分析的仪器。这个仪器出现得比望远镜晚，大约1864年首次应用于天文观测。为了科学地说明它的用途，我们必须先来讲一下天体发出的光和热。

我们知道太阳、煤气灯或者其他明亮的物体不仅给我们带来光也带来热。简单观察一下便可看到，热射线和光线一样都是沿直线传播，而且可以像光线一样穿过空气和其他透明物体而不使它们变热。如果我们在一个非常寒冷的房间里的壁炉中生一大堆火，我们的脸会感受到热度，尽管空气或许依然是冰冷的。有一个不同寻常的实验：用冰做一个透镜当作取火镜，太阳光穿过冰便聚集起来使手感到发烫，而冰却并没有融化。

以前人们认为热和光是两种截然不同的介质，现在我们知道事实并非如此。由于同为一个热的物体发出，二者统称为辐射。所有的辐射接触物体表面时都产生热量，就像火焰在房屋的墙壁上产生热量一样。但并不是所有辐射都会使视觉神经产生光感而使我们产生视觉。

现在我们知道，辐射是没有客观形制的波，充满整个宇宙空间，甚至于最远的星星也是如此。这些波极短，我们必须用微米表示其长度，即毫米的$1/1\,000$。那些在视觉神经上产生光感的光波长度大多在$4/10\sim7/10$微米之间。这就是说1英寸的长度上有40 000~80 000个波。图中我用一小段波来代表这些波。虚线之间的距离是波的长度。太阳或者任何不透明的物体发出的辐射的特点是，波长不等，波长范围很大，全部混合在一起。我们必须想象一下，我们在图中所画的射线之间还有无穷多的射线，波长都不相等。就这一点而言，辐射就像是大海的波浪，波长从几百码①到几英寸，全部叠加在一起。光波波长如图14所示。

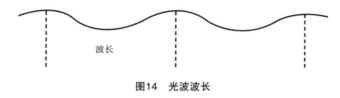

波长

**图14 光波波长**

当辐射穿过一个玻璃棱镜便发生了折射。不同的波长发生的折射也不一样，但是相同的波长折射率永远一样。我们所熟悉的用三棱镜呈现太阳光谱的实验便揭示了这一点。光线投射在屏幕上的排列顺序为，红光在最下面，其上是黄光，然后依次是绿光、蓝光和紫光。这种在一个表面上呈现的颜色排列叫作"光谱"（Spectrum）。光在光谱中的颜色取决于波长。如果波长大于$^{75}/_{1\,000}$微米，即$^{44}/_{1\,000}$英寸，肉眼便看不见，它传递给我们的只是热量。光波在这一长度至$^{50}/_{1\,000}$英寸之间看起来是红色，稍微短一点是鲜红色，再短一点是黄色，以此类推。光波短于$^{43}/_{100}$微米则完全看不到。然而，紫光对于感光板的影响要远大于肉眼看起来最明亮的光。蓝光和紫光最易于拍照，以此类推，红光感光效果最差。

所有的物体都有辐射，但是在常温下，辐射的波长太长致使肉眼看不

---

① 1 码 ≈ 0.91 米。

到。直到我们将一个物体加热到红热，这个物体的辐射波长才短到足以形成光线。当我们继续加热至温度更高时，这个物体仍继续发出越来越多的长波以及波长越来越短的波。因此，当我们给铁片加热时，铁片先是呈现红热，之后便呈现白热。

不同的物体发出的光波长度也不一样，进而从一个热的物体所发出的光便可以判断这个物体的构成。如果这个物体是固体，那么它所发出的光便有各种波长，对此我们还知之不多。如果这个物体是透明的气体，那么它所发出的波长都是一定的，取决于气体的性质。

有一个最简单的方法可以使气体发出其特有的光，即用电火花或者电流穿过其中。然后，我们用棱镜分析火花发出的光，便可以看到光谱由几种光线构成，其位置取决于气体的性质。由此我们获得了氢气的光谱，又得到了氧气的光谱，以及几乎所有已知气体的光谱。固体，包括所有的金属，都可以用电火花剧烈加热使一小块固体升华为气体，从而获得它们的光谱。用这个方法我们甚至可以做出铁的光谱，专业人士通过光谱中光线的位置和排列便可立即判断出一个物体是否是铁。

# 如何分析星星

光谱分析的基本原则是，如果白热物体的光穿过比自身凉的气体，气体将过滤和吸收那些其自身在白热状态也将发出的光的波长。于是便导致这样的结果，固体的光谱中穿过一些特定的深颜色的线，具体颜色取决于光所穿过的气体。据此，如果一道电光穿过其相邻的三棱镜，光谱从头到尾都不会断裂。如果光线很远，就会出现很多深颜色的线穿过其中。这些线是空气造成的，光穿过空气时过滤了特定波长的光。有趣的是，空气中的水蒸气对这种现象影响最大，过滤了最多的光线，正因为如此它在空气中可以被立即发现。太阳光谱中颜色最深的线标记为字母A、B、C等。

综上所述，光谱仪是研究物体光谱的仪器，无论这个物体在天上还是在地球上。

用光谱仪研究天体有两个目的：其一，判断天体的基本性质；其二，判断天体相对于我们的运动。后者是现代科学最了不起的成就。如果一颗星正朝向我们而来，它发出的光线波长就会因这一运动而略短；如果一颗星正在远离我们，其光波则会较长。由此可见，通过考量光线在光谱中的位置，就可以确定星星是在接近我们还是正在远离我们。

近几年，星星光谱的研究基本上全部借助照相来进行。与在其他领域一样，用于这一技术的感光板所拍摄的效果是肉眼在望远镜中不能企及的。因此，天文学家拍摄的星星的光谱，不仅呈现出肉眼能够看到的全部光线，而且可能还会更多。对这些光线的位置进行评估和研究，天文学家便可推断出相应的结论。

# 第五节　其他天文仪器

通常认为，天文学家的主要工作就是研究在望远镜中看到的星星。望远镜是几乎所有天文仪器的必要组成部分，仅从这个角度讲，确实如此。然而，用望远镜研究星星仅仅是天文学家工作中一个非常小的部分。对我们而言，天文学最重要的实际用途是，确定地球表面上点的经度和纬度，以便我们可以知晓城镇所处的位置，并且能够绘制出州或国家的地图。这便需要知道星星在天空的准确位置，也就是说，需要知道星星的赤经和赤纬。我们在前面的章节中已经讲过，这两个数值相当于地球表面的经度和纬度。通过这种对应关系，观测者便可结合当地经度的恒星时通过星星的赤纬和赤经确定自己所处的纬度和经度。

行星的形状和大小、恒星的运动、行星和彗星的轨道、星云及其他星团的结构，所有这些都是天文学研究的领域，而且是无止境的，为了进行这些科学研究，除了望远镜其他仪器也是必不可少的。

## 子午仪和时钟

在天文台工作的天文学家最主要的工作是确定天体的位置。用于这项工作的最主要的仪器叫作子午仪。这个仪器有一个望远镜，架在一个东西向的水平轴上，与其长度垂直，从而保证视线沿着子午线移动。当望远镜指向正南时，在轴上转动望远镜，其视线将逐渐经过天顶，继续转动将逐渐经过北方地平线的极点。但是，望远镜不能在东西方向上转动。这似乎制约了望远镜的使用，然而正是其活动功能的制约性保证了其使用性能。子午仪的最大用途是只需测定时间而无须进行其他测量便可以确定星星的赤经。我们在前面的章节中讲过恒星时，恒星时的时间单位比我们平常的时间单位略短，因而恒星钟比普通钟表每个月快两小时。恒星时是恒星经过当地子午线的时间，与该星的赤经相同；于是确定恒星的赤经成为世界上最简单的事。将恒星钟调准恒星时，将子午仪的望远镜指向各种即将经过子午线的星星，关注每颗恒星经过子午线的准确时间。在子午仪上，子午线用固定在望远镜焦点上的极细的纤维或蜘蛛网代表。在望远镜中看到恒星的像经过蜘蛛丝的时刻就是恒星经过子午线的时刻。此刻恒星钟上指示的恒星时即恒星的赤经。如果恒星钟调校得极为精准，而且子午仪精确地沿着子午面移动，确定赤经便如我们所描述的非常简单。子午仪图像如图15所示。

图15　上海天文博物馆的帕兰子午仪

天文学家希望时间精准到十分之一秒甚至百分之一秒，然而遗憾的是，没有哪个钟表的精确度能够满足天文学家的要求。而且，也没有哪一架子午仪的轴能够校正到绝对东西方向上而使仪器一丁点都不会偏离子午线。因此，天文学家必须正视钟表和仪器的误差；从而观测和计算都加倍用心。天文学家希望尽可能减小误差，但是即便他们做到最好，微小的误差在每一次观测中都永远无法避免。他们把计划观测的星星列出清单，在观测时反复确定清单上每一颗星星的位置。对众多要观测的星星他们基本观测三至四遍才满意，而对于比较重要的星星，他们则会重复观测几十遍或几百遍。

确定星的赤纬需要使用刻度盘。刻度盘是一个用黄铜或钢制成的表盘，很像一个车轮，表盘的轴和子午仪望远镜上的一样。刻度盘牢牢地固定在轴上，从而当望远镜扫过天球子午线时，刻度盘便随着望远镜一起转动。沿刻度盘的圆周用非常细的标记或者线标注了刻度。刻度盘的圆周分成360°，每一度标记一道线。每一度之间通常标有30条中间线，中间线之间相隔2分。仪器由一个或两个石墩支撑，石墩连接着4个显微镜，连接之牢固程度要确保在显微镜下可以看到刻度盘上的刻度。当仪器在轴上转动时，所有的刻度相继经过每一个显微镜下面，观测者便能够在显微镜里看到了。当望远镜对准星星时，显微镜下出现的刻度便测量出了星星的位置。

赤道望远镜和子午仪是天文台全部天文设备中的两个主要仪器。其他很多仪器几乎都有专门用途，不过并不是很有趣，对于专门研究天文学并且必须查阅天文学专业的学生使用的专业书籍的人则另当别论。

专业观测人员可以精确地记录星星经过仪器上那根线的时间，精确程度令人惊叹。有一种做法是，当星星接近并经过那根线时，一边听一边数钟表的嘀嗒声。在经过前的那一声观察星星的准确位置，在经过之后的那一声如法炮制。比较星星在两次嘀嗒时在那根线两边的距离，观察者便可以估算出星星经过那根线的时间，精确到0.1秒，然后将这个时间记录在笔记本上。

现在这个方法在大多数天文台已经被用计时器记录的方法所取代。这个仪器有一个旋转的圆筒，圆筒上覆盖着一张纸，纸上立着一个墨水笔尖，当圆筒旋转时，笔尖便在纸上留下一道轨迹。墨水笔连接着电流，电流还穿过钟表和观测者手中拿着的钥匙，钟表的每一声嘀嗒以及观测者每捏一下钥匙都会在墨水笔留下的痕迹上形成一个刻痕。当观测者看到星星到达仪器上的那根线时捏一下钥匙，墨水笔迹上两次钟表刻痕之间的刻痕位置便记录了捏钥匙的时间。

天文学家使用的钟表一定是所能设计出的最完善的钟表，走上一整天或者更久都不会产生0.1秒的误差。通常的家用钟表，钟摆长度因昼夜温差而发生变化，导致钟表产生几秒钟的误差。因此天文时钟上不能出现这些变化。不同物质相结合制作钟摆实现了这一要求，不同物质的不同膨胀系数相互抵消。这种钟摆最常用的制作方法是，摆杆用钢制成，底端带有一个钢制的罐或者玻璃罐，里面装有水银，这个水银罐充当钟摆的摆锤。当温度升高时，水银的正膨胀系数便抵消了钢的负膨胀系数。

# 第三章　太阳、地球和月亮

# 第一节 太阳系概况

太阳系是我们居住的行星所在的天体系统，我们已经知道这个相对小型的天体家族是如何自成体系的了。太阳系同宇宙相比是渺小的，但是对于我们却是宇宙中最重要的部分。在详细描述太阳系里的各种天体之前，我们必须简要了解一下太阳系是由什么天体构成以及如何构成的。

首先当然是太阳，太阳系中最亮的天体，是太阳系的中心，将光和热散发给太阳系内其他所有天体，凭借其强大的引力将整个系统维系在一起。

其次是行星，在各自轨道上围绕太阳公转，地球便是其中之一。行星一词本意为"流浪者"（wanderer），古代使用这个词是因为行星似乎在恒星之间漫游而不是固定不动。行星分为截然不同的两类：大行星和小行星。

大行星有8颗，是太阳系中仅次于太阳的最大的天体。行星与太阳的距离基本上有一个固定的顺序，最近的是水星，距离太阳将近400 000 000英里；最远是海王星，距离太阳3 000 000 000英里。后者与太阳的距离是水星的70倍。它们公转的时间则差距更大。水星在3个月或4个月之内便可绕行太阳一周。而海王星则要走上超过160年的漫长之旅。自从1846年发现海王星，其行程还没有过半。

大行星分为两个集团，每个集团有4颗星，两个集团之间有一道很宽的间隙。组成里圈集团的行星比外圈集团的行星小，4颗行星加在一起也没有外圈最小的行星的¼大。

两个集团之间的间隙运转的主要是小行星。它们与大行星相比非常小。就我们目前所知，它们都在一条非常宽的带状区域上，范围从距离地球一点点远到4倍于这个距离。其中大部分与太阳的距离是地球到太阳距离的大约3~4倍。它们与大行星的不同还在于数量不明确；目前已知的有500颗[①]，新发现的层出不穷，没有人可以断言其准确数量。

太阳系中的第三类天体是"卫星"（satellites），类似于月亮（moons）。其中几颗大行星有一个或多个这种小天体围绕其运行，伴随其围绕太阳公转。就目前所知，最里圈的水星和金星没有卫星。至于其他行星，其卫星数量不等，地球有1颗卫星，即月亮；土星有8颗卫星[②]。因此，除水星和金星以外，其他每一颗大行星都有一个类似太阳系的系统，并且处于中心地位。这些系统有时就以中心天体的名字命名。于是就有了火星系，由火星及其卫星构成；木星系，由木星及其5颗卫星[③]构成；土星系，由土星、土星环及其卫星构成。

第四类天体是"彗星"（comets）。彗星围绕太阳运行的轨道是偏心圆。我们只能在彗星接近太阳的时候看见它们，这种情况通常发生在世纪之交甚至千年之际。即便彼时，除非具备有利条件，否则也可能看不到。

---

① 现已确定小行星超过 50 万颗，已知有编号的 10 000 颗以上。——编者注
② 截至 2014 年，已发现 62 颗。——编者注
③ 截至 2013 年，已发现 67 颗。——编者注

除了上述天体，还有不计其数的流星体在各自的轨道上围绕太阳运行。它们很有可能在某种程度上与彗星有关。肉眼看不见流星体，除非在它们撞击大气层时，那时我们看到的便是流星。

以下是行星及其卫星数量列表，以距离太阳远近为序：

Ⅰ.里圈大行星：

水星

金星

地球，1颗卫星

火星，2颗卫星

Ⅱ.小行星

Ⅲ.外圈大行星：

木星，5颗卫星

土星，8颗卫星

天王星，4颗卫星[1]

海王星，1颗卫星[2]

我们将不按照上表顺序依次讲述这些行星，首先来讲太阳，然后跳过水星和金星直接讲地球和月亮。之后再依次讲述其他行星。

---

[1] 截至 2003 年，已发现 29 颗。——编者注
[2] 截至 2013 年，已发现 14 颗。——编者注

# 第二节　太阳

讲到太阳系，其中巨大的中心天体自然是我们首先关注的。太阳是一个发光的球体。首先我们想要了解的便是这个球体的大小以及究竟离我们有多远。知道了它与我们之间的距离便很容易说明它的大小。我们知道通过测量可以得到太阳对向角的值。画两条直线构成这个角度，向天空无限延长，太阳的直径等于这两条线与太阳相交时两条线之间的距离。精确的计算是一个很简单的三角问题。目前足以知道太阳视直径的值或者说太阳视直径在我们的视点处形成的角度是32分，从而得出这个视角到太阳的距离以英里计算大约是太阳直径的107.5倍。至此，我们若知道太阳的距离，只要用107.5除以这个距离，就可以得出太阳的直径。

本节将讲到测定地日距离的几个方法，从而说明如何在天空测量距离。所有的测定结果显示地日距离将近930 000 000英里，或许还要远上100 000~200 000英里。取整数并除以107.5，便得出太阳的直径——865 000英里。这一结果是地球直径的110倍。由此可以计算出太阳的体积是地球的1 300 000倍。

太阳是地球光和热的源泉，因此对我们极为重要。倘若失去来自太阳的光和热，世界不仅将笼罩在无尽的黑夜之中，而且将很快陷入永久的寒冷。众所周知，在晴朗的夜晚，地球表面因为将白天吸收的来自太阳的热量散发到宇宙空间而温度降低。如果失去日常热量供给，热量将持续散失，最终严寒将远远超过现在的北极地区。植物将不能存活。海洋将冻冰，地球上所有的生命都将很快灭绝。

我们所看到的太阳表面叫作"光球"（photosphere）。这个词用来区别太阳的可见表面和不可见的庞大内部。在肉眼看来，光球完全是均匀一致的。但是用望远镜看，整个表面是斑驳的，被形象地比作一盘粥。在最佳条件下仔细观察，光球表面布满了不规则的微小颗粒，这是导致光球表面斑驳的原因。

当我们仔细比较光球各处的亮度时，发现视圆面的中心比边缘明亮。透过深色玻璃或者在浓雾之中看太阳，即便不用望远镜也能看出这种差别。视圆面的最边缘亮度最低，其亮度只有中心的一半多一点。边缘和中心的颜色也不尽相同，边缘发出的光比中心看起来更加艳丽。

所有这些都显示，太阳发出的光为包裹太阳的大气层所吸收。因为太阳是一个球体，所以显然我们从其视圆面的边缘吸收的光是倾斜的，而从其视圆面中心吸收的光是垂直的。来自太阳表面的光越倾斜其必须穿过的太阳大气层越厚，大气层因此吸收掉的光也越多。同地球大气层一样，太阳大气层吸收的绿光和蓝光比红光多。正是基于这个原因，越是来自视圆面边缘的光颜色越红。

# 太阳的自转

仔细观察发现，太阳同行星一样也在穿越其中心的轴上自转。描述太阳与描述地球相似，使用相同的术语，太阳的轴与其表面相交的两点叫作太阳的"极点"。在两极正中环绕太阳的一圈叫作太阳的"赤道"（equator）。自转周期大约是26天。太阳的周长是地球的110倍，那么太阳自转的速度必须大于地球的4倍才能在周期之内完成自转。在太阳的赤道上，自转速度是1英里/秒。

太阳自转最独特之处是，赤道处的自转周期比远离赤道的地方的自转周期短。如果太阳同地球一样是固体，那么太阳各处的自转周期应该是相同的。由此可见，太阳不是一个固体，一定是液体或者气体，至少在表面是这样。

太阳赤道与地球轨道面的倾角是6°。太阳的方向是这样的，我们进入春季时，太阳的北极背离我们6°，视圆面的中心点在赤道以南大约6°。在我们的夏季和秋季，情况则相反。

# 太阳的密度和重力

太阳的密度是指其构成物质的平均比重，或其重量与等体积的水的比率。已知太阳的密度大约仅为地球的¼，约为水的密度的1.4倍。准确数据如下：

太阳的密度：地球的密度 = 0.2554。

太阳的密度：水的密度 = 1.4115。

太阳的质量或者重量约是地球的332 000倍。

太阳表面的引力是地球表面的27.82倍。人若有可能在太阳上，一个普通人将重达2吨，并将被自己的体重压垮。

# 太阳黑子

用望远镜仔细观察太阳，通常会在其表面看到一个或多个近似黑色的斑点，但也不是总能看到。这些斑点就是太阳黑子。太阳黑子自然随着太阳的自转而转动，正是借助它们，太阳的自转周期很容易测定。如果太阳视圆面的中心出现一个太阳黑子，六天后，这个斑点将转到西面的边缘，并在那里消失。将近两周后它将在东面边缘重新出现，前提是在此期间它没有消亡，而这种情况经常发生。

太阳黑子大小不一。有一些很细小，即便用性能好的望远镜也很难看见，偶尔也会出现一个大的，用肉眼透过深色玻璃就可以看到。它们经常成群出现，有时肉眼可以看见一小片成群的太阳黑子而看不到其中单个的黑子。

在空气比较平稳的时候，用望远镜仔细搜索较大的黑子，会看到黑子的中心是黑色的，或者说有一个黑色的内核，而核心周边是灰色的。如果各方面条件适宜，这圈灰色的边会呈现出纹理，好似茅草房顶的边，也就是茅草断面的样子，这也体现了光球的斑驳。如图16所示。

太阳黑子形状各异极不规则，经常以各种方式断裂。其灰色边缘或者其中的茅草纹理经常侵蚀太阳黑子的核心，或者在多处穿过核心。

通过对太阳黑子近300年的观测[①]发现了一个最重要规律，即太阳黑子的活跃度以11年零40天为周期规律发生变化。在某一年份，大约半年时间都看不到黑子。1889年和1900年便是如此。接下来的一年会有少量太阳黑

---

[①] 在西方，意大利天文学家伽利略（Galileo）于公元1610年首次发现太阳黑子；而现在公认的世界上第一次明确的太阳黑子记录是公元前28年我国汉朝人观测到的。见《汉书·五行志》："成帝河平元年三月乙未，日出黄，有黑气，大如钱，居日中央。"——编者注

子出现，并且在大约5年内逐年增加。然后太阳黑子的活跃度开始逐年衰减，直至这个周期结束，此时活跃度将再次开始回升。这些变化可追溯至伽利略时代，尽管直到1825年施瓦布（Schwabe）才发现太阳黑子的活动是有规律的。

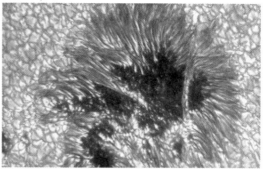

**图16　高倍率放大后的太阳黑子和耀斑**

　　关于太阳黑子还有另一个值得注意的规律，即太阳黑子不是在太阳上到处都有；而只在太阳特定的纬度上才有。它们在太阳赤道上相当罕见，从赤道两边直至15°纬度线就多起来。从这两个区域至南北纬20°最为活跃，再远活跃度就下降了，纬度超过30°便一个黑子也见不到了。这些区域如图17中所示，阴影越重的区域活跃度越高。如果我们用一个白球代表太阳，用黑点代表太阳黑子，将数年来看到的每一个黑子都点在白球上，点有黑点的白球看起来就会如图中所示。

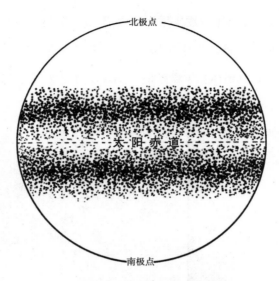

北极点

太 阳 赤 道

南极点

**图17　太阳上不同纬度太阳黑子的频率**


# 耀斑

太阳上还经常看见比光球明亮的成群的小斑点，数量庞大。它们经常出现在太阳黑子附近，在黑子活跃度最高的区域出现得最为频繁，但并不完全局限于这些区域。不过，在太阳极点附近它们却罕有出现。

太阳单色光照相仪发现黑子和耀斑产生于某个共同原因，这个仪器是由乔治·E·黑尔（George E. Hale）设计发明的，目的是利用光谱中的单一光线给太阳拍照，例如钙所发出的光线。其效果如同透过一片玻璃看太阳，这片玻璃只能透过钙蒸汽的光线，而将其他光线全部吸收。于是我们只能看见太阳中钙的光线，却看不见其他光线。

用这个仪器在钙的光线下给太阳照相的效果非常好。此时，有太阳黑子的区域看起来比其他地方更明亮，耀斑在太阳的各个地方都能找到。由此我们知道气体喷发随时都在发生；而在有太阳黑子的区域比其他地方都要多。由此可见，太阳黑子源于太阳上随时随地发生的气体喷发的效应，但是只在喷发最剧烈的情况下才生成黑子。

从前认为黑子是光球里的洞或者洼地，里面是黑色的。这个观点产生的理论基础是，当一个黑子靠近太阳视圆面的边缘时，紧靠边的灰色边缘看上去比其他的要宽。但是现在已经摒弃了这个观点。我们不能说黑子一定是在光球的上面还是在光球的下面。我们在后面会看到，光球不只是我们看上去的那个表面，而是厚达数英里的壳状物，或许有上百英里厚甚至更厚。黑子无疑是这个壳状物的一部分，是壳状物上温度较低的部分，但是不在壳状物之上也不在壳状物之下。

# 日珥与色球

日珥是太阳的另一个明显特征。我们对它的认识有一段有趣的历史，这段历史将在讲述日食时提到。用分光镜可以看到太阳上到处释放出大团白热的蒸汽。蒸汽团之巨大以至于若将地球投入其中就好比一粒沙子投入蜡烛的火焰。蒸汽团以巨大的速度喷射而出，有时达到每秒钟数百英里。同耀斑一样，日珥在太阳黑子活跃的区域数量庞大，但并不仅限于那些区域。空气的光反射形成了环绕太阳的光芒，太阳的光芒致使我们完全看不到日珥，甚至用望远镜也看不到，除非出现日全食，太阳的光芒被月亮遮挡的情况下才能看到。此时，日珥好似从黑色的月亮表面升腾起来，用肉眼也能看见。

日珥似乎有两种表现形式，爆发日珥和宁静日珥。爆发日珥就像巨大的成片的火焰从太阳上升腾起来；后者似乎漂浮在太阳上面静止不动，就像飘浮在空气中的云朵。然而太阳周围不存在能够让日珥漂浮在其中的空气，尚不明确是什么支撑着日珥。不过很有可能是太阳光的排斥力，这个问题将在后面的章节涉及。

光谱分析表明，日珥主要由氢气组成，混合了钙和镁蒸汽。正是因为氢气，所以日珥呈现出红色。对日珥的持续研究发现，日珥与一个气体薄层有关，这个气体薄层包裹在光球上面。这个薄层叫作色球（chromosphere），其深红的颜色与日珥类似。在宁静日珥中，大部分光线看起来都是氢气的光线；也包含了许多其他物质，比例不等。

最后一个值得一讲的太阳的组成部分是日冕。日冕只有在日全食时才能看到，它是太阳外面的一圈柔和的光辉，是太阳放射出的长长的光线，有时比太阳的直径还长。其确切性质尚不清楚。我们将在日食一节详细讲解。

## 太阳的构成

现在回顾一下我们所看到的和所了解的太阳是如何构成的。

首先，这个球体有一个巨大的内部，当然也是我们无法看到的。

当我们看向太阳时，我们看到的是这个球体的发光表面，即光球。光球不是真正的表面，而更像是一个几百英里厚的气体层，而这一点我们无法从表面上看出来。这个气体层上还有黑子和从其内部或上面升腾出的耀斑。

光球上面的气体层叫作色球，色球可以用高倍望远镜随时观测，但是只能在日全食的时候直接用眼睛看。

火红的色球生成的同样火红的烈焰叫作日珥。

围绕在整个球体外面的是日冕。

这就是我们所看到的太阳。它究竟是什么呢？首先，它是固体、液体还是气体？

我们已经用自转定律说明太阳不是固体，如同熔融的金属，太阳也不可能是液体，因为其表面散发出的大量热能会在非常短的时间内冷却并使熔融的金属凝固。三十多年来一直认为太阳的内部一定是一团气体，来自其上面的巨大压力将其压缩成液体的密度。也仍然认为光球或许实质上是一层硬壳，太阳就像一个巨大的气泡。然而，这个观点似乎不再能站得住脚。太阳上面似乎不可能有任何固体物质。

偶尔有人为了解光球的温度而做出一些尝试。光球的温度超过我们在地球上所能生成的任何温度，甚至超过电熔炉的温度，另外，钙是石灰的金属基质，是最耐火的物质之一，它是如何在太阳上以气态存在的呢？众所周知，由于重力的作用以及因此而产生的大气层的重量，当我们离开地球表面上升时，我们周围的空气变得寒冷而稀薄，当我们下降时，大气压不断升高。太阳的重力是地球的27倍。因此，向下运动时，太阳上气温和气压上升的速率远大于地球。甚至在光球上，温度也是这样的——"各种元素因为炽热而融化"。在太阳表面以下，每下降1英里温度上升几百度。由此导致，在太阳内部气体承受两个越来越强大的相反的力。这两个力分别是热膨胀力和来自上面的气体的压缩力，这两个力都是由太阳巨大的重力产生的。

由此可见，仅仅是太阳这个球体外部作用下的力都是不可想象的。或许我们所熟悉的13英寸口径的大炮发射时火药爆炸可以形象地说明引燃太阳内部的气体所产生的威力之震撼。现在设想全国每一英尺的空间都放这样一个大炮，全部指向天空并同时发射。其结果与光球内部所发生的情况相比就好似一个小男孩的玩具气枪与大炮相比。

## 太阳热能的来源

或许从现实角度出发，最重要的综合性科学问题是：太阳的热能是如何维持的？在完全理解热能定律之前，并不会认为这个问题有什么难度。甚至在当前，那些不了解这个问题的人认为地球从太阳吸收的热量可能是在太阳光穿过地球大气层的过程中以某种方式产生的，而实际上太阳可能根本没有辐射任何真正的热能——可能并不是一个极度炽热的天体。但是，现代科学表明热能只能通过某种形式的能量消耗才能产生，别无他法。太阳的能量必定是有限的，并且通过辐射在持续消耗。

不难把太阳想象成一个白热的炮弹，它向四面八方散发热量而逐渐冷却。通过实际观测，我们知道太阳向我们散发了多少热量。或许可以表述如下：

想象一个很浅的盆地，底面很平坦，深度为1厘米，即约0.4英寸。向盆地中注满水，于是水深为1厘米。将这个注水的盆地暴露在垂直的阳光下。太阳向盆地辐射的热量足以使水温一分钟上升3.5或4摄氏度，或者7华氏度多一点。接下来假设有一个水做的很薄的球形的壳，厚度为1厘米，其半径长度等于地球轨道半径，将太阳置于其中心，这个水做的壳将以刚才的速率升温。这个壳吸收的热量便是太阳辐射的全部热量。由此，我们便可以确定太阳每分钟、每天以及每年释放的热量。

用一个非常简单的计算便可以表明，如果太阳的实质是一个白热的球，那么它将迅速冷却，其热量维持不了几百年。然而太阳大概已经维持了数百万年。那么，从哪里来的供给呢？现代科学对于这个问题的解答是，太阳辐射的热能来源于热能流失的过程中太阳体积的收缩。我们知道，在许多情况下，运动被破坏时便产生热量。当炮弹在战船的装甲板上发射时，只一击便使装甲板和炮弹都变热了。铁匠连续打铁能够使铁变热。

上述事实可以归纳成一句话，当一个物体下落并因摩擦力或任何形式的摩擦而停止下落时，便产生热量。根据制约这个情况的法则，我们知道尼亚加拉瀑布的水在撞击瀑布底部时一定比在瀑布中流淌时上升大约0.25℃。我们还知道热的物体遇冷体积便会缩小。气体收缩的程度比固体和液体收缩的程度更大，我们认为太阳就是如此。太阳的热能来自于从太阳内部不断升起的物质流，当这些物质流到达太阳表面时便释放出热能。当这些物质流下落以后便冷却，下落产生的热能维持着太阳的温度。

足以持续几百万年的热能竟是这样产生的，似乎不太可能；但是已知太阳表面的引力使我们能够在这个问题上进行精确的计算。由此可以计算出，为了维持热能供给，太阳的直径必须25年缩短1英里——或者说100年缩短4英里。这种变化直至数千年后才能被察觉。诚然，这个收缩的过程必将在某个时候终结。因此，如果这个观点是正确的，那么太阳的寿命必定是有限的。我们不能准确地说出这个期限，我们只知道在几百万年后，但不会更久。

这个理论意味着，太阳以前比现在大，若追溯太阳的历史它必定是一年比一年大。而且必然曾经和太阳系一样大。如果真是这样，太阳原本可能是一个星云。由此我们得出一个理论，太阳和太阳系是星云历经几百万年收缩而成。这个观点便是人们熟知的星云假说。

星云假说是否是一个经过证实的科学结论尚存意见分歧。有很多事实支持这个假说，如地球内部的热能以及行星的公转和自转方向相同。但是谨慎和保守的观点认为若要将这个假说视为绝对成立，还需要一些进一步的证据。即使我们接受这个假说，仍存在未知的问题：星云自身是如何起源的，又是如何开始收缩的？这种情况将我们带入一种境地——科学能提出有参考价值的问题却不能解决问题。

## 知识拓展

### 太阳热能的来源

最新的科学研究认为，太阳的能源来源于太阳内部直径不到50万千米的核心部分，其核心温度极高，压力极大，产生核聚变。每4个氢原子核结合成一个氦原子核，同时释放出巨大的能量。这一过程可以进行100亿年。

# 第三节　地球

　　我们所居住的星球，作为行星的一员，有资格在天体中谋得一席之地，即便它再无其他可以吸引我们的注意。虽然与宇宙中的大型天体相比甚至与太阳系中四颗大行星相比其体量是渺小的，但是在其所属的集团中它是最大的。其人类家园的称号毋庸置疑。

　　地球是什么？我们将对其进行最详细的描述，地球的直径将近8 000英里，在各部分相互引力的作用下成为一个球体。众所周知地球不是标准的球形，而在赤道处略为凸出。测定其形状和大小是一个极大的难题，我们不能说已经得到令人满意的解决。难度显而易见，因为无法跨越大洋测量距离，所以那些在大陆的海岸上看到的岛屿或者互相对望的岛屿测量起来不可避免地受到局限。测量也无法达至两极。因此，必须从跨越大陆和沿着大陆的测量中推断出地球的大小和形状。[1]鉴于此项工作的重要性，主要国家必须不时投入这项工作中。就在不久前，我国海岸和大地测量局（Coast and Geodetic Survey）已经完成了三角形中从大西洋至太平洋那条边的测量。北面在北冰洋沿岸的测量工作和南面在太平洋沿岸的测量工作已

---

[1]　如今人造卫星技术能够更轻松地实现测量。——编者注

经启动，或正在进行中。英国不时在非洲进行同样的测量工作，俄国和德国则在各自的版图内进行测量工作。几乎所有这些测量数据现在都在国际大地测量协会（International Geodetic Association）主持的工作中结合在一起。主要国家的官方大地测量机构都是国际大地测量协会的成员。

以上测量数据可能总结出这一学科的最新结论。我们首先要说的是，大地测量工作人员不是要通过地图说明陆地的形状，而是要说明海平面本来的形状，如果引入海水的运河是从陆地开凿的。由此绘制出的地球近似椭球体，其较小的直径是两极的连线。椭球体的尺寸如下：

极直径：7 899.6英里，或者12 713.0千米。

赤道直径：7 926.6英里，或者12 756.5千米。

由此可见，赤道直径比极直径长27英里或者43.5千米。


# 地球内部

我们通过直接观察所了解的地球基本上完全局限于地球表面。人类曾经挖掘的最深处相比球体的大小就像苹果皮之于苹果本身。

我请读者首先关注地球的重量、气压和引力。泥土是地球外表面的一部分，我们看一下1立方英尺的泥土。这个上层的1立方英尺泥土施加在其底部的压力是自身的重量，可能是150磅。其下面的1立方英尺泥土重量相同，那么施加在其底部的压力就是这块泥土自身的重量加上它上面那块泥土的重量。越往地球深处压力也随之持续增加。地球内部每平方英尺面积上承受的压力等于1平方英尺面积上直至地球表面的柱形的重量。地球表面以下不超过几码压力便以吨计；1英里深处压力可能是30或40吨；100英里深处压力达数千吨；直至地心压力持续增加。在这样巨大的压力下，组成地球内部的物质被压缩至金属的密度。这个问题我们将按照内容安排在后面讲解。已知地球的密度是水的5.5倍，而其表层密度仅是水的两三倍。

地球最值得注意的情况之一是，随着深入地表以下矿井深处温度持续升高。上升幅度在不同纬度和不同地区各有差异。通常平均每下降50或60英尺上升1华氏度。

首先想到的问题是，温度增加这个现象会深入地球内部多远呢？我们的回答当然是，这个现象不可能只是在表层，因为如果只存在于表层，地球的外部早在很久以前就冷却了，在地表以下热量也不会显著增加。自地球存在以来热能保持不衰，这一事实说明这个现象一直到地心都一定仍然很剧烈，地表处温度增加的幅度肯定会在深入地球内部几英里后继续上升。

按照这个趋势，在地表下10或15英里深处，地球中的物质将是红热的，100或200英里深处，高温足以融化组成地壳的所有物质。这一事实使地质学家认为，我们的星球实际上是一团像熔化的铁一样熔融的物质，外面覆盖了一层几英里厚的冷却的硬壳，我们就生活在这层硬壳上。火山的存在和地震的发生增加了这个观点的说服力，还有其他地理现象作为证据。这些地理现象揭示了地球表面发生的变化，而这些变化似乎是地球内部液体作用的结果。地球内部示意图见图18。

但是最近几年天文学家和物理学家所收集的证据表明地球从地心到地表都是固体的，甚至比相同质量的钢还坚硬，这些证据之确凿如同证据本身一样毋庸置疑。凯尔文爵士（Lord Kelvin）最早对这个问题做了最全面的阐述。他指出，如果地球是包裹了一层硬壳的液体，月亮的作用就不会引起海洋的潮汐，而只会将整个地球向月球方向拉，并不改变地壳和水的相对位置。

　　还有一个奇特的现象同样不容置疑，即地球表面纬度的变化，这个问题我们马上就要讲到。内部柔软的星球不能像地球这样转动，不仅如此，甚至硬度不大于钢的星球也不能像地球这样转动。

**图18　地球内部**

　　接下来，我们如何合理地解释极高的温度和固态并存呢？似乎只有一个合理的解释。地球内部的物质因为巨大的压力而保持固体。实验证明，大多数类似地球中的石头的物质温度升高至熔点时，受到巨大的压力，在压力的作用下这些物质会再次成为固体。由此可见，温度升高的同时只要增大压力就可以使地球中的物质保持固体。因此，问题的答案就是，随着向地球内部深入，压力增加的幅度大于温度升高的幅度，如此整个球体便一直保持固体。

## 地球的引力和密度

　　关于地球的另一个有趣的问题是地球的密度或比重。我们知道，铅块比相同体积的铁块重，铁块比相同体积的木头重。如果从巨大的地球内部深处取出1立方英尺地球，那么有什么办法可以测量其重量吗？如果有，我们便能够测量整个地球的实际重量。其结果取决于物质的引力。

　　每一个小孩从开始走路的时候就熟悉引力，但是最渊博的哲学家也不知其缘故，科学家也未发现有任何东西遵守它，除了些许普遍的事实。这些事实中最广为流传并且最具普遍意义的就是艾萨克·牛顿爵士的万有引力理论，这个理论据说涵盖了所有问题。根据这个理论，地球表面上的所有物体都在这个神秘力量的作用下向地心的方向掉落，这个神秘的力量不只存在于地心，而是源于组成我们这个星球的物质的每一个粒子所施加的吸引力。起初，事实是否如此尚待考证。甚至惠更斯（Huyghens）这样伟大的哲学家和物理学家也认为这个力存在于地心，而不是如牛顿所认为的每一个粒子。而牛顿却进一步发展他的理论，指出现已查明的宇宙中的物质，其每一个粒子都在这个力的作用下吸引其他每一个粒子，而这个力随着距离的平方的增加而消失。这意味着，距离加倍引力就要用4去除；距离是3倍引力就要用9除；距离是4倍引力就要用16除，以此类推。

　　清楚了以上问题，随之而来另一个问题。我们周围的所有物体都有各自的引力，那么我们能够用实验揭示这个力，测量出这个力的数量吗？数学理论表明，球体可以凭借与其直径相称的力吸引在其表面上的小物体。一个直径2英尺的球体，与地球比重相同，其引力是地球引力的½₀₀₀₀₀₀。

　　近来，有几个物理学家成功地测量了直径在1英尺左右的铅球的引力。这项测量工作的精细程度和难度前所未有，所到达的精度似乎是几年前难以想象的。所使用的设备其原理都是最简单的。一个重量非常轻的杆子用一根最细的线水平吊在球心，这根线是用所能找到的柔韧性最好的材料做成的。在杆子的两端各加一个小球以保持杆子的平衡。所测量的是这个铅球施加在这两个小球上的引力。铅球放置的位置要能使铅球的引力集中作用在杆子上，使杆子在水平面上发生非常小的扭动。为了说明这项测量的难度，我们必须想到这个引力可能还不及这两个小球重量的一亿分之一。寻找重量不超过这个力的物体是非常困难的。用一只苍蝇的重量和这个力做比较就像用一头公牛的重量和一剂药做比较。不要说一只蚊子的重量，就连蚊子最细的一条腿也可能超过要测量的这个力。把蚊子放在显微镜下，专业操作人员可以从一条触须上切下一小片，小到足以代表要测量的这个力。

这个力的测定非常精准，以至于最近两位研究者的测量结果相差不到千分之一。这两位研究者分别是英国皇家科学学会成员、英国牛津大学教授宝艾斯（Boys）和波西米亚（Bohemia）的耶稣会成员卡尔·布劳恩（Karl Braun）博士。他们各自独立从事这项研究，遇到并克服了层出不穷的难题，将他们的设备的精准程度不断提高，最终几乎在同一时间分别在英国和澳大利亚发表了他们的成果。这项实验的结果是，地球的平均密度是水的密度的5.5倍略多一点。这个结果比铁的密度稍小，但是比任何普通的石头都大很多。由于地壳的平均密度也就是这个数值的一半，从而可以推断地心的密度一定被压缩得不仅远远大于铁的密度，而且很有可能超过铅的密度。

早在一百多年前就已经测量出了山的引力。1775年，马斯基林（Maskelyne）首次揭示了苏格兰的舍哈连山（Mount Schehallion）的引力。可以很明显地看出，对所有高山进行的密度测量都是在垂直线上进行的。

# 纬度的变化

我们知道，地球的自转轴穿过地球中心与地球表面相交在两极。想象我们站在地球的一个极点上，拿着一根固定在地上的旗杆，我们将在地球自转的作用下每24小时围绕旗杆转动一周。我们之所以能感受到这个运动，是因为看到太阳和星星在周日运动的作用下看上去在地平圈上沿反方向运动。现在我们有了一个重大发现——纬度处于变化之中：地球的自转轴与地球表面的交点不是固定的，而是在沿着直径将近60英尺的圆周做不规则不固定的曲线运动。也就是说，站在北极点上日复一日地观察极点的位置，会发现极点每天或多或少移动几英寸，经过一段时间后，围绕一个圆心走出一条曲线，在这个过程中极点离圆心时远时近。这个不规则的圆周运动的周期是14个月。

既然我们从未到过极点，那么问题来了：这个现象是如何发现的呢？答案是，通过天文观测，我们可以在任何一天的夜晚测量当地的垂直线和当日地轴的精确角度。为了进行这项观测，国际大地测量协会于1900年环绕地球建立了4个观测站。其中一个观测站在马里兰州盖瑟斯堡（Gaithersburg，Md.）附近，另一个在太平洋沿岸，还有一个在日本，最后一个在意大利。在这些观测站建立以前，欧美的许多地方都进行过此项观测。欧美地区最重要的两个观测站分别是纽约哥伦比亚大学（Columbia University）教授里斯（Rees）所在的观测站，和杜立特尔（Doolittle）教授所在的观测站，起初在里海（Lehigh）大学，后来在费城附近的花朵天文台（Flower Observatory）。

我们刚刚所讲的纬度变化现象最初是由德国的库斯特耐尔（Küstner）

于1888年提出的，他是在大量的天文观测中意外发现这个现象的。从此便开始了旨在测定精确的曲线轨迹的科学研究。迄今为止的观测显示，这个变化在某些年份较大，在某些年份较小，1891年变化相当大，而1894年变化就非常小。观测显示，七年当中会有一年极点运行的圆圈较大，而3~4年之后，会有几个月极点几乎不离开圆心。

如果地球是由液体构成的，或者是由硬度相当于钢铁的物质构成的，那么地轴是不可能像这样运动的。因而，我们的星球一定比钢更坚硬。

# 大气层

无论在天文学意义上还是在物理学意义上，大气层都是地球最重要的要素之一。尽管它是我们生活中所必需的，但它依然是天文学家必须逾越的最大屏障之一。它对穿越其中的所有光线都或多或少地吸收了一些，因而我们所看到的天体的颜色是有些许改变的，即使在最晴朗的天空，也因此而略微暗淡。大气层还对穿越其中的光线产生折射，使光线画出略微弯曲的轨迹，凹面面向地球，而不是垂直射进天文学家的眼睛。这种现象使得星星看起来离地平线比实际略高。从天顶径直射下的星光不发生折射。星星离天顶越远折光越严重，然而即使离天顶45°远，折光之差也只有1分弧度，这大约是肉眼能够清晰察觉的最小距离；对天文学家则意义重大。天体离地平线越近，折光率越大；折光率在地平线之上28°是在地平线之上45°的大约2倍；在地平线上眼见的天体由折光引起的误差已在半度以上，比太阳和月球的直径都要大。这种情况导致的结果是，当我们在日落或者日出时看到太阳即将触到地平线时，太阳实际上已经全部在地平线以下。我们看到的情形完全是因为太阳光发生折光的结果。地平线附近折光率增大导致的另一个结果是，在地平线附近太阳明显看起来扁平，其垂直直径要比水平直径短一些。有机会在海上看日落的时候便可以注意到这种现象，其产生的原因是，太阳的底部边缘折光率大于太阳的顶部边缘。

当太阳在热带清朗的空气里慢慢落进大海的时候，会看到一种美丽的景象，而这种景象在我们所处的纬度这种能见度较低的空气中几乎从未出现过。这种景象产生于大气层中各种光线不相等的折射率。大气层同三棱镜一样对红光的折射率最低，光谱中按照折射率由低到高排列，红光后面的颜色依次为黄色、绿色、蓝色和紫色。这种情况导致，当太阳的边缘渐渐沉入大海的时候，这些光线也依次相继消失。在太阳即将消失前两三秒钟，太阳的余晖变化颜色并迅速变得暗淡。浅色的余晖变成绿色和蓝色，最后一瞥是转瞬即逝的一道蓝色或紫色的闪光。

# 第四节　月球

　　巴黎政府理工学院（Government Polytechnique School of Paris）是一所以数学著称的法国公立学校，大约一百年前，那里曾有一位不受欢迎的教授，喜欢给学生出难题。一天早上他问一个学生：

　　"先生，你见过月亮吗？"

　　"没见过，先生。"学生回答，怀疑这个问题有诈。

　　这位教授感到困惑。"先生们，"他说，"看看，×××先生声称他从未看到过月亮！"

　　全班都笑了。

　　"我承认我听说过月亮，"这个学生说，"但是我从未看到过。"

　　我知道读者一定比那个法国学生善于观察，而那个法国学生一定不仅看到过月亮，而且知道月亮会经历几种月相，并且知晓月亮一个月绕行地球一周。我也认为他知道月亮是一个球体，尽管肉眼看起来像一个扁平的圆盘。不过，拿一个小望远镜就能一目了然月亮是一个球体。

　　经过各种方式和方法测量，月球到地球的平均距离不到240 000英里。这个距离是直接测量视差得出的，后面会具体解释，还可以通过对月球在太空中在围绕地球的轨道上周期运行进行计算得出月球到地球的距离。月球的轨道是椭圆形的，因此实际距离会出现不同结果。有时这个距离不到10 000英里或15 000英里，有时则大于平均值。

月球的直径比地球直径的¼大一些；准确地说是2 160英里。最精密的测量都显示其无异于一个球体，只是表面非常不规则。

# 月球公转和月相

月球伴随地球一道围绕太阳公转。如图19所示。这两种运动结合在一起似乎有些复杂，但其实并非如此。想象高速行驶的火车车厢中央有一把椅子，一个人以3英尺为半径围绕椅子行走。他可以一直这样一圈一圈地走，不会改变他与椅子的距离，火车的行驶也不会给他造成任何不良影响。如此，地球在其轨道上向前运行，月球持续围绕地球旋转，而相对于地球的距离并不会发生多大变化。

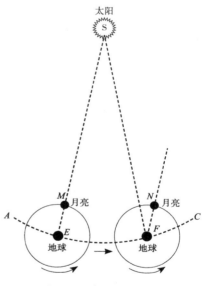

图19 月球绕地球的公转

月亮绕地球公转的实际时间是27天零8小时；但是从一次新月到另一次新月的时间是29天零13小时。这种差异是地球围绕太阳的公转造成的；或者说是太阳沿着黄道的视运动造成的，二者其实是一回事。

如图19所示，AC弧是地球绕日公转轨道上的一小段弧。设想某一时刻地球在E点，月亮在M点，正好在地球和太阳之间。27天零8小时之后地球将从E点移动到F点。在地球运行的同时，月球也如箭头所示的方向在轨道上运行到达N点。此时直线EM和FN平行，月球完成一个公转周期，看起来在群星中的位置似乎与之前相同。可是太阳现在在FS方向上，因此月球必须继续运行才能和太阳在一条直线上。这还需要2天多的时间，于是两次新月之间的时间就成为29天半。

月亮的不同月相取决于其相对于太阳的位置。作为一个不透明的球体，月球本身不发光，我们只能在太阳光照射在它上面的时候才能看见月亮。当月球在地球和太阳之间时，月球的暗面面向我们，月亮便完全看不见了。月亮在这个位置上时历书上称为"新月"，但是我们通常在此之后将近两天都看不到月亮，因为暮色的微光遮蔽了月亮。不过，此后第二天或者第三天我们会看到月球被太阳光照亮的一小部分，呈现出那熟悉的纤细的月牙形状。我们通常将这一轮月牙称为新月，尽管历书上给出的新月时间要早几天。

月亮在这个位置上时，如果天气晴朗，我们可以连续数天看到整个月面，亮度暗的部分闪烁着苍白的微光。这部分苍白的微光是从地球反射到月球上的光线。如果月球上有居民的话，此时会看到地球像一轮满月出现在天空，看起来比我们看月亮要大多了。月亮在其轨道上日复一日继续前行，这部分微光随之逐渐减弱，大约上弦月时，这部分微光因为月球被阳光照亮部分的亮度增强而从我们的视线中消失。

历书上的新月之后7天或8天便到了上弦月。此时我们看到了半个被照亮的月面。此后一周，月相称为凸月。两周之后月亮正对着太阳，我们看到了月球的整个半球，就像一个圆盘，我们称之为满月。在剩余的周期里，月相以相反的顺序出现，这些都是众所周知的。

我们可能觉得这些循环出现的现象尽人皆知而无须赘述，然而，在《古舟子咏》中描述了一颗星出现在月亮的两个尖角之间，好似那里没有漆黑的天体阻挡我们的视线而根本看不到星星一样。也许不止一首诗描写过东方天空的新月，又或者夜晚西方天空的满月。

## 月球表面

我们用肉眼即可看到月球表面分为明暗两个区域。暗的地方经常被想象成好似一副模糊的人的面孔，鼻子和眼睛尤其明显，即所谓"月中人"。用最小的望远镜我们就能看到月球表面变化多端；望远镜倍数越高看到的细节越多。在望远镜中首先看到是高地，或俗称高山。这些高山的最佳观测时间是上弦月，因为此时这些高山投下了影子。满月时这些高山就看不这么清楚了，因为我们看这些高山的角度是垂直的，并且所看到的都是明亮的。虽然这些高地和凹地都叫作高山，但是他们的形状与地球上一般的高山不尽相同，却与地球上大火山的火山口极为相似。最常见的形状像环形的堡垒，直径从一英里至几英里，山壁可达数千英尺高。堡垒的里面好似碟子形状，大部分表面都是平坦的。上弦月时我们能够看到山壁的影子投射在堡垒里面平坦的表面上。在堡垒的中间经常会看到小的圆锥体。堡垒的内表面并不是完全平坦和光滑的。望远镜倍数越高大我们看到的细节越多。现在我们尚不清楚这些高山是由什么组成的；它们也许是整块实心的石头，也许是成堆的松散的石头。因为我们在月球上什么也看不到，即使用倍数最高的望远镜也是如此，除非望远镜的直径超过100英尺，所以我们还不清楚月球表面最细微处的准确性质。月球表面如图20所示。

早期用望远镜观测月球的人认为那些暗的区域是海，明亮的区域是陆地。这种认识基于那些较暗的区域看起来比其他地方光滑。于是给这些假想的海起了名字，如"风暴洋"（Mare Procellarum）、"澄海"（Mare Serenitatis）即平静的海洋等。这些名字尽管富于幻想色彩，仍保留下来用以表示月球上那些大的暗区。然而望远镜的些许改进显示认为这些暗区是海的观点是错觉。这些区域的表面都是不均匀的，说明那里一定是固态的。外观上的差异是由月球表面物影的明暗

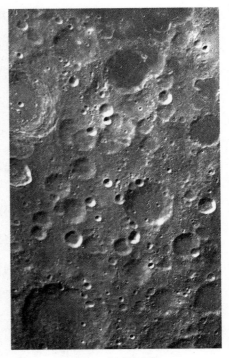

图20　月球的表面

造成的。它们在月球上的分布很奇怪。其中一个最显著的特点是，月球上某些地方放射出长长的明亮的线。低倍望远镜也能看到其中最明显的；眼力好的甚至不用望远镜也能看得到。我们所看到的一半月球的南部有一块巨大的区域称为第谷环形山，那里放射出大量这样的明亮条纹。这些明亮的条纹看上去就好像月球曾经裂开了，裂缝中充满了熔融的白色物质。

无论我们是否接受这个观点，在观测月球表面的时候也无法回避这样一个想法，月球早前曾经发生过大规模的火山爆发。那些巨大的环形山的中央似乎全部都是火山的火山口。事实上，早在一百年前威廉·赫歇尔爵士（Sir William Herschel）就曾认为月球上有活火山，不过现在已经知道这

些表象是因为月球表面上非常明亮的区域反射了地球上的光线而形成的。这个现在在新月的时候用中等大小的望远镜就很容易看到。

# 月球上有空气和水吗

有关月球的最重要的问题之一就是月球表面是否存在空气和水。科学给予这些问题的回答至今都是否定的。当然这并不意味着月球上绝对没有哪怕地球上的一滴水或一丝丝空气；我们只能说如果月球周围有大气层也极为稀薄，我们从未发现其存在的任何证据。倘若月球有大气层，那么其密度哪怕只有地球大气层密度的1%，当星星掠过月球时，星光也会折射出大气层的存在。然而，在折射中没有发现任何迹象。如果月球上有水的话，也一定隐藏在看不见的裂缝里，或者散布在月球内部。如果赤道区域有大片的水存在，那么这些水每天都会反射太阳光，就会因此而清晰可见。这些水也会蒸发，形成或多或少的水蒸气。

以上种种似乎解决了另外一个重要问题，即月球是否适宜居住。地球上存在的生命至少需要水来维持生存，同时也需要水的高级形式空气。我们很难想象仅仅由沙子或者其他干燥物质就可以构成一个生命体，就像它们构成月球表面一样。设想动物在月球上游荡，很难想象它们吃什么。结论通常一定是，遵循地球上的生命法则，月球上没有生命。

完全没有空气和水导致月球上的情形是我们在地球上从未经历过的。目前最细致的勘察表明，月球表面从未发生过丝毫的变化。地球表面上的石头持续受到天气的侵蚀，历经岁月后逐渐解体或者在风吹和水流中冲刷殆尽。但是月球上没有天气变化，其表面上的石头可能静止在那里历经不知多少载却从未受到过任何因素的影响。当太阳照射月球时月球表面急剧升温，当太阳落下时又迅速冷却。目前我们观察到，整个月球表面除了温度的变化绝对没有任何现象发生。这就是月球，一个没有天气变化，不曾有任何现象发生的世界。

# 月球的自转

月球的自转问题经常使许多人困惑，我们需要解释一下。任何仔细观测过这个天体的人都会发现月球面对我们的总是同一个面。这表明月球的自转与其围绕地球的公转时间相等。经常会有观点认为这表明月球根本不自转，也有很多针对这个问题的论述。这个问题的困难之处在于人们对运动的概念认识不同。物理学认为，如果一根杆子穿过一个物体，当这个物体运动时这根杆子永远保持同一个方向，那么这个物体就不发生自转。现在我们来设想这样一根杆子穿过月球；如果月球不发生自转，那么月球在围绕地球公转的过程中出现在其轨道上的不同点时，这根杆子都将保持同一个方向，如图21所示。对这个图稍作研究便可看出，如果月球不发生自转，那么月球在其轨道上向前运动的过程中我们就会连续看到月球表面的每一个部分。

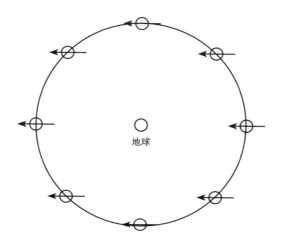

**图21　假如月球不自转时月球的运动**

# 月球如何引起潮汐

在海边居住的人都知道大海有潮起潮落，一般每天发生的时间平均比前一天延后45分钟，并且与月球的周日视运动保持同步。也就是说，今天涨潮时月亮在天空中某个位置，那么一旦月亮在那个位置出现或在那个位置附近就会出现涨潮，如此日复一日，岁岁年年。我们都听说过是月球作用在大海上的引力产生了潮汐。我们很容易理解，当月亮在一个地区上空时，其引力会使当地的水面升高；然而实际情况往往让那些在这个问题上不是很专业的人感到迷惑，一天有两次潮汐，涨潮不仅发生在地球正对着月球的那一面，而且在地球背对着月球的一面也同时发生。对于这个问题的解释是，月亮不仅对地球上的水体产生引力，实际上对地球本身也产生引力。月亮对整个地球和地球上的一切持续产生一个向它那个方向的拉力。由于月球围绕地球每个月公转一周，因此维护了地球的持续运动。如果月球对地球的各部分包括海洋在内产生的引力相等，那么就不会出现潮汐了，地球上的一切也将一如既往，就像根本没有引力一样。然而，由于引力与距离的平方成反比，月球对地球上离其最近的地区和海洋产生的引力大于对地球引力的平均值，而对那些离月球最远的地方产生的引力则低于平均值。

为了说明上述变化产生的影响，如图22所示，A、C、H代表地球上受到月球引力作用的三个点。由于月球对C产生的引力大于A，C便被这个力拉得离A更远了，增大了A和C之间的距离。同时作用在H的引力比C大，H和C之间的距离也增大了。如果地球整个是液态的，那么月球的引力只会将这个液态的球体拉成椭球体，其长直径将指向月球。但是地球本身是固体的，不会被拉成这种形状，而海洋是液体，于是水面便被拉高了。这种情况导致的结果参见下图，由于海水在月球引力的作用下水面升高，地球便成了椭球体，椭球体的两端发生涨潮，而中间地区则出现退潮。

**图22 月球如何每日引起两次潮汐**

若要完整解释这个问题需要讲到运动定律，而运动定律不可能在这里讲解。但是我想说的是，如果月球对地球的引力永远在同一个方向上，那么这两个天体只要几天就会被拉到一起。然而由于月球围绕地球公转，引力的方向永远在变化当中，因此地球在月球引力的作用下一个月里也只偏离其平均位置大约3 000英里。

有观点认为，如果月球以这种方式引发潮汐，涨潮将永远发生在月球经过子午线的时候，而退潮发生在月球处于地平线上的时候。而事实并非如此，原因有两点。首先，月亮将水体拉伸成椭球的形状需要时间，而月球一旦给予水体形成椭球体所必需的动力，这个力在月球经过子午线之后仍然持续，就像石头离开手之后仍会继续向上，或者波浪在水的作用力之下仍然向前涌动。另一个原因存在于陆地对动力的阻断。俗称的潮浪遇到陆地后便依据地形而改变方向，而从一处涌向另一处也需要很长的时间。因此对比各地的潮汐会发现非常不规则。

太阳也像月球一样引起潮汐，但是影响较小。在新月和满月的时候，太阳和月球合力引起最大的涨潮和退潮。沿海居民对此都很熟悉，称其为"大潮"（spring tides）。在上弦月和下弦月的时候，太阳的引力和月球的引力相反而相互抵消，潮水不会涨得太高也不会落得太低，称为"小潮"（neap tides）。

# 第五节　月食

　　读者一定都知道，月食的成因是月球进入了地球的阴影，而日食的成因是月球在地球和太阳之间经过。清楚了这一点，我们来讲一讲这两个现象比较有趣的特质，以及这两个现象发生的规律。

　　第一个值得思考的问题是：既然地球的阴影永远在背对太阳的一面，那么为什么不是每次满月时都会出现月食呢？答案是，月球通常在地球阴影的上方或下方经过，因此光线没有受到遮挡，也就没有形成月食。如图23所示。出现这一现象的原因是，月球轨道略微倾斜于黄道面，形成大约5°的夹角，地球在黄道面上运行，阴影的中心也永远在黄道面上。像我们以前曾设想的那样在天球上标记出黄道，设想月亮每个月的运行轨道也标记出来。于是我们会发现月球轨道和太阳轨道相交于相对的两点，两个轨道的夹角非常小，只有5°。相交的这两点叫作"交点"（nodes）。在一个交点上，月亮从下方或者说从黄道南面向黄道北面运行。这个点叫作"升交点"（ascending node）。在另一个交点上，月亮从黄道北面向黄道南面运行。这个点叫作"降交点"（descending node）。用升和降这两个词来说明这两个点是因为，对于在北半球的人来说黄道北面和赤道似乎在南面之上。

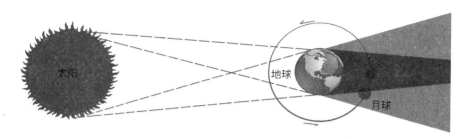

**图23　月球在地球的阴影中**

在这两个交点的中点上，月球的中心在黄道之上的距离大约是月球到地球距离的 $\frac{1}{12}$，也就是说大约20 000英里。因为太阳比地球大，所以地球的阴影投射出去距离地球越远变得越小。在地月距离的位置上，地球阴影的直径大约是地球直径的 $\frac{3}{4}$，即大约6 000英里。其中心在黄道面上，因此在黄道面上下的延伸范围是仅有大约3 000英里。由此可见，月球只有在接近交点时才能经过地球的阴影。

# 食季

太阳和月球的连线显然会随着地球围绕太阳转动而转动，因此在一年之内两次经过黄白交点。这也就是说，假设在天空标出交点，升交点在一点，降交点在相对的点上，我们会看到太阳在一年之内分别经过这两个点。当太阳经过一个交点时，地球的阴影则似乎经过另一个交点。一年中只有两次日食或月食，就是接近这两个点时才发生的。于是我们称之为食季。食季通常持续大约一个月；也就是说通常从太阳接近交点足以产生日食到太阳远离交点而不能产生日食大约是一个月的时间。1901年的食季是5月和11月。

如果黄白交点在天空的位置不变，月食只能发生在某两个月。但是，因为太阳对地球和月球的引力作用，交点的位置一直在二者运动的相反方向上发生变化。每个交点围绕天球旋转一周需要18年零7个月。那么在这个相同的周期内食季将在一年之中连续发生。食季每年较前一年平均提前19天。

设想我们在月球即将进入地球阴影时在月球上看太阳和地球。地球看起来比太阳大得多，正在接近太阳，最终开始进入日面并阻挡了一部分太阳光。发生这个现象的区域叫做"半影"，如图24所示，这个区域在阴影之外。只要月亮在这个区域，普通的观测者是注意不到其光线的衰减的，虽然光度测量可以精确地测量出来。直到月亮开始进入实际的阴影区域才能说月食出现了，此处太阳的直射光全部被遮挡了。

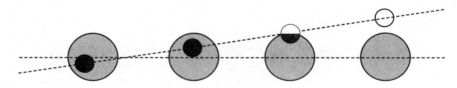

图24　月球通过地球的影子

# 月食的样子

在月食即将开始的时候观测月球，会看到月球东侧边缘的一小部分逐渐变暗最终消失。随着月球在其轨道上前行，越来越多的月面因为进入阴影之中而消失在视线里。但是如果仔细观察就会看到掩盖在阴影之中的部分并没有完全消失，只是光线非常微弱。如果月球完全进入阴影里面，便是所谓的月全食；若只是月球的一部分进入阴影，称为偏食。月全食时，照在月食上的光线清晰可见，因为没有未出现月食的部分的耀眼光线将其淹没。这些光线呈现暗红色，来自地球大气层的折射，这在前面的章节中已经讲过。因为这个缘故，那些仅仅掠过地球或者照在地表边缘的太阳光因为折射而发生弯曲改变了轨迹而投射进阴影里。于是，阴影里充满了这些光线并照在月球上。这个红色和落日的红色成因相同，即绿光和蓝光被大气层吸收，只有红光穿过了大气层。

每年会发生两次或三次月食，其中至少总有一次几乎是全食。当然，地球上只有当时月光照耀下的那个半球才能看见月食。

发生月食时，在月球上则可看到由于地球遮挡而形成的日食。这个现象的原因我们已经讲过，此时对于从月球角度的观测再简单明了不过了。从月球上看，地球的视大小较之月亮无比巨大。其视直径是太阳视直径的3到4倍之间。期初，当这个巨大的天体接近太阳时是看不到的。观测者看到的是地球一路前行遮挡了越来越多的太阳光，而并不是地球。当地球几乎完全遮住太阳时，地球的整个轮廓便在一圈红色光线的包围之中呈现出来了，这圈红色的光线是地球大气层的折射形成的。最后，当太阳放射出的最后一缕阳光消失以后，除了这个明亮的红色光环其他什么都看不见了，光环里面漆黑一片，地球上的一切都看不到了。

月食与日食有很大不同，日食将在下一节里讲述。月食发生时，当时地球被月光照耀的整个半球都可以同时看到。在月亮升起即是全食的情况下，会发生一个奇怪的现象。此时我们会在地平线的东方看到月全食，而在地平线的西方仍然看到太阳。解释这个现象看似悖论，其实此时太阳和月亮都在地平线以下，却被折射到地平线之上，于是我们便能同时看到二者。

# 第六节　日食

　　如果月球恰好在黄道面上运行，就会在每次新月之际通过日面。然而，由于其轨道面是倾斜的，这一点在前面的章节已经讲过，月球只有在太阳的方位恰好接近其中一个黄白交点时才能真正通过日面。而当这一现象出现时，倘若我们在地球上恰当的位置，就可以看到日食。如图25所示。

　　假设月球通过日面，第一个问题便是月球是否可以在我们的视线中将太阳完全遮蔽。这个问题不取决于两个天体的实际大小，而取决于它们的视大小。我们知道太阳的直径是月球直径的400倍。而且太阳与地球的距离也是月球与地球距离的400倍。于是出现了一个奇怪的现象，两个天体在视觉上几乎一样大。有时月亮看起来稍微大一些，有时太阳看起来大一些。前一种情况月亮可以完全遮住太阳，而后一种情况就不能了。

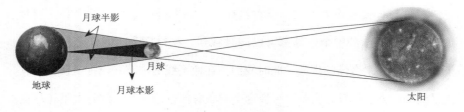

图25　日食形成示意图

　　月食和日食的一个重要不同之处是，前者在任何能看得到的地方永远都是一样的，而日食则取决于观测者的位置。最有趣的日食是月球的中心恰好与太阳的中心重合，称为"中心食"（central eclipses）。要看到中心食，观测者必须处在两个天体中心点的连线上。此时，如果月球的视大小超过太阳的视大小，月球就能在视线中完全遮住太阳。日食此刻称为"日全食"（total）。

　　如果太阳看起来大一些，形成中心食的时候月球漆黑的球体外面将包围一圈太阳的光环。这种中心食此刻称为"环食"（annular），如图26所示。

图26　日环食全过程

　　太阳和月球中心点的连线沿地球表面掠过，可以用一条线在地图上画出其轨迹。这种标有日食的区域和路线的地图出现在天文星历中。日全食和日环食发生在太阳和月球中心点连线南北两边几英里的区域内，到目前为止从未超过100英里。在这个区域之外只能看到日偏食，即月球部分遮住太阳的日食。在地球上太远的地区则根本看不到日食。

# 美丽的日全食

日全食是大自然的视觉盛宴之一。要看到最佳观赏效果应该站在地势较高的地方，视野尽可能开阔，可以环顾周围很远，特别是要在正对月亮的方向上。最先看到的不同寻常的迹象不是在地球上或空气中，而是在日面上。在事先预测的时刻，太阳西边的轮廓上出现了一个小缺口。这个缺口分分秒秒都在增大，逐渐将眼前的那个太阳吃掉了。难怪没有文明开化的民族看到这个巨大的发光体就这样消失了会幻想有一条龙正在吞吃太阳。

一段时间过去了，也许是一个小时，除了行进中的月亮遮蔽的日面面积越来越大并看不到其他什么。在这段时间里，如果观测者站在一棵树旁，太阳光穿过树叶的间隙照在地面上，将会看到很有趣的情形。太阳散布在地面上的小影子此时会出现日偏食的形状。很快太阳看起来就像一轮新月了，只是新月的形状不是越来越大，而是分分秒秒都在变小。甚至当我们的眼睛已经适应了逐渐微弱的光线，直到新月变得非常小了我们才察觉天色暗了。如果观测者有一个带有深色玻璃用于观测太阳的望远镜，此时将是观测月亮上的山体的绝佳时机。太阳完整的边缘依旧柔和而整齐。而新月的里面由月球表面形成的边缘则粗糙而凹凸不平。

当新月即将消失的时候，崎岖的月球表面上一直向前推进的山体也将到达太阳的边缘，只留下一行光的残迹和光点，在月球表面的凹陷处闪烁。这种景象只持续一两秒钟随即便会消失。

现在眼前呈现出一副壮丽的景象。天空晴朗，太阳当空，然而却看不到太阳。本应太阳所在的地方挂着漆黑的月球，像往常一样在半空中。月球外面包围着一圈灿烂的光辉放射出圣洁的光芒。这就是"日冕"（corona），在关于太阳的章节中已经述及。尽管日冕的亮度肉眼足以看清，但是用低倍望远镜看效果最佳，甚至普通看戏用的小望远镜可能也足够。用高倍望远镜只能看到一部分日冕，反而丧失了最佳效果。就目前谈及的观测效果，放大率为10倍或12倍的普通小望远镜比最大的望远镜更好。这样的仪器不仅可以看到日冕还可以看到所谓的"日珥"——奇异的粉红色云朵般，好似从黑色的月球上四处跃起。

# 古代日食

值得注意的是，尽管古人熟悉日食现象，完全认识了日食，非常清楚其成因，甚至推算出其发生规律，然而在古代历史学家的著述中却鲜有这些现象的具体记述。古老的中国编年史时常记载帝国某省份或某城市附近于某时发生了一次日食，却没有详细描述。不久前，亚述研究者解读出古代石碑上的一句话，意思是公元前763年7月15日在尼尼微（Nineveh）出现了一次日食。我们的天文表证实在那一天的确有一次日全食，其间尼尼微以北100英里甚至更远都笼罩在阴影之中。

或许最著名的古代日食是泰勒斯（Thales）日食，关于这次日食的论述最多。其主要历史依据是希罗多德（Herodotus）的一段记述，是说吕底亚人（Lydians）和米底人（Medes）之间发生战争时，白昼突然变成黑夜。两军于是停火并迫切希望彼此之间达成和平条约。爱尔兰人泰勒斯也曾对爱奥尼亚人预言过这一天将要发生的变化，甚至是发生的确切年份。我们的天文表证实公元前585年的确发生过一次日全食，与提到的那次战争的时间非常接近，但是我们现在已知那次日全食产生的阴影直到日落才能到达那场战争发生的地方。因此对此仍有质疑。

# 日食预测

日食的发生有一个奇怪的规律，古时就已知晓。其依据是，历时6 585天8小时或者18年零11天，太阳和月球回到与此前几乎相同的位置，这个位置是个相对位置，是指相对于月球轨道交点和近地点而言。这个时间段称为"沙罗周期"。一个沙罗周期结束之时各种日食开始重现。例如，1900年5月出现的日食被认为是发生在1846年、1864年和1882年的日食的再现。但是，当一次日食再次出现时，在地球上的同一地点却看不到了，这是缘于周期中整数之外的8小时。在这8小时中，地球自转了⅓圈，致使能看见日食的区域发生了变化。每一次日食发生时，能看见日食的地点都在前一次能看见日食的地点西面，相距⅓球面的距离，或经度相差120°。经历三个周期之后日食才会在几乎相同的位置上出现。与此同时，月球的运动路线也发生了改变，因此阴影覆盖的区域也会发生南移或北移。

有两个系列的日食以全食持续时间长著称。其中之一是1868年发生的那个系列，此后还会讲到。这次日食在1886年出现，1904年将再次出现。不幸的是，第一次出现时，阴影几乎全部投射在大西洋上和太平洋上，因此不利于天文学家观测。1904年9月那次日食对我们来说更加不走运，因为阴影将只覆盖太平洋。不过，阴影或许会惠及某个岛屿，在那里也许可以进行观测。1922年9月1日，日食将出现在澳大利亚北部，在那里全食将持续大约4分钟。

　　另一个更加引人关注的是1883年5月7日和1901年5月11日那两次日食所属的系列，这次日食相继重现时，全食持续的时间将在20世纪里越来越长。1937年、1955年、1973年全食时长将超过7分钟，就全食时长而言，我们的后继者将要看到的日食比前人在几个世纪里欣赏到的都要更加精彩。

# 太阳的组成部分

　　大约在1863—1864年，光谱仪开始应用于天体的研究。伦敦的哈金斯（Huggins）先生（即现在的威廉爵士Sir William）是观测星星和星云光谱的先驱。多年来，太阳光谱的研究似乎并未取得多少进展。终于到了1868年，8月18日在印度可以看到一次引人关注的日全食。阴影宽度达140英里，全食长达6分多钟。法国派著名光谱学家之一让桑（Janssen）先生前往印度观测日全食，并期待他有所收获。他的报告很出色。他发现困惑了科学家两百年的红色日珥是巨量燃烧的氢气，从太阳上到处跃起，地球与之比较大小就是一粒微尘。这还不是全部。阳光重现之后，让桑开始用他的光谱仪观察这些光线。当越来越多的光线出来后，他跟踪观察不断重现的阳光，持续观察直至日食结束以后。天气足够晴朗且旭日当空便可以随时观测日珥。

　　异常巧合的是，伦敦那里在没有日食的情况下独立地取得了同样的发现。J·诺曼·洛克伊尔（J. Norman Lockyer）先生当时正热衷于用光谱仪观测日珥。他和哈金斯先生分别发现太阳附近的温度之炽烈任何物质在那里都可能成为气态而闪烁出自己的光彩。这两位研究者力图用这个方法看到日珥；然而直到10月20日也就是印度日食两个月后洛克伊尔先生才成功完成一个具有足够放大倍数的仪器。此时他第一次发现可以在没有日食的情况下看到日珥！

当时，与印度的联系依靠信件，天文学家必须等待有船把让桑先生的发现成果送达。异常巧合的是，让桑先生的报告和洛克伊尔先生宣布他的发现的消息同时出现在了法国科学院（French Academy of Sciences）的一个会议上。这个著名的机构，以情有可原的热情打造了一枚奖章用以纪念这项研究的新方法，奖章上洛克伊尔和让桑的侧面像作为联合发现者同时出现。从此，世界各地的光谱观测者每天都有规律地观测日珥。

日全食最美之处在于日冕。作为太阳的组成部分其确切性质尚不确定。实际上，它的结构直到天文学家应用照相技术作为辅助手段才研究清楚。据观测者描述日冕就是太阳周围一圈柔和的光，而仔细研究拍摄的照片发现它的结构像毛发一样呈放射状，如图27所示。日冕在太阳赤道的方

图27　日冕

向上最长，在太阳的两极最短。恰好在两极上的光线从太阳上垂直照射下来。而每一面的光线都向赤道弯曲，由于离赤道较远，它们消失在有太阳黑子的区域放射出的更加灿烂的光辉里。两极附近，日冕的形状特别像放在磁石上面的纸上散布的铁屑。那么这里是否有带磁性的东西呢？但是在所谓太阳赤道的区域，这个类比就不成立了。在阐述太阳的时候我们提到，黑子多的区域较其他区域活动剧烈。现在，似乎释放日冕的力在太阳活动最剧烈的地方也最大。

似乎有一种可能性，日冕是由从太阳抛出的物质组成的，受到太阳光线的斥力而不能落回到太阳里面，与彗星的尾巴存在一定的相似性。

一个非常重要的问题是，因为温度之高必定接近太阳，日冕闪耀的主要是反射的光线还是自己的光辉？无疑其光线来自于这两方面，但是尚不清楚二者的比例。其实，其光谱上呈现出一些明亮的线。这些线只能产生于其自身组成物质的光。一些观测者认为他们在光谱上也看到了深色的线，但是并未得到证实。总体而言，可能性似乎是日冕闪耀的主要是自己的光辉。

# 第四章　行星及其卫星

# 第一节　行星的轨道及特点

行星围绕系统中心的天体运行的轨道严格上说是椭圆形，或者略扁的圆形。不过扁的程度非常小，不测量单凭肉眼是看不出来的。太阳不在椭圆的中心而在焦点上，在某些情况下，太阳与焦点之间的距离肉眼很容易看出来。这个距离可以量度出椭圆的偏心率，而偏心率较之扁平的程度要大得多。例如，水星运行轨道的偏心率就非常大，而扁平程度只有$\frac{1}{50}$；也就是说，如果轨道的长直径是50，那么短直径就是49。那么按照这个比例，太阳到轨道中心的距离是10。

为了说明上述问题，我们将太阳系里圈那个行星集团的轨道画成一幅示意图，轨道的形状和各自的位置在图中一目了然，如图28所示。显而易见，轨道在有的地方离得很近，有的地方离得很远。

在讲解行星的不同外观和运动、真运动和视运动的过程中会用到很多专业术语，我们都会加以解释。

"内行星"（inferior planets），指运行轨道在地球轨道以里的行星，这类行星只有水星和金星。

"外行星"（superior planets），指运行轨道在地球轨道外面的行星。这些行星包括火星、小行星和外圈集团的四大行星。

从地球上看，一颗行星经过太阳，好似与太阳并行，我们称之为"合"（alongside）日。

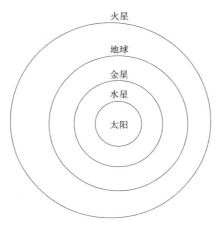

图28　四颗行星的轨道

"下合"（inferior conjunction），指行星在地球和太阳之间。

"上合"（superior conjunction），指太阳在行星和地球之间。

略加思考便可知，外行星永远不会出现下合，而内行星既会出现下合也会出现上合。

行星在太阳的反方向上叫作"冲"（in opposition）。此时，行星在日落时升起，反之亦然。当然，内行星不会出现冲。

轨道的"近日点"（perihelion）是指轨道上离太阳最近的点；"远日点"（aphelion）是指轨道上离太阳最远的点。

从地球上看，水星和金星这两颗内行星围绕太阳的运动就是从其一边到另一边。它们与太阳的视距离在任何时候都叫作"距角"（elongation）。

水星的大距通常为25°，因其轨道偏心率较大，这个数值有时大一些有时小一些。金星的大距近似于45°。

当这两颗行星其中一颗的距角在太阳东边时，我们会在日落后西天上看到这颗星；而在太阳西边时，我们会在早晨的东方天空看到它。因为这两颗行星与太阳的距离从不会超过上述范围，所以在夜晚的东方或者早晨的西天永远不会看到水星和金星。

没有两颗行星的轨道完全在同一个平面上。也就是说，如果将任意一颗行星的轨道视为水平，那么其他所有行星的轨道都会向一边或另一边有所倾斜。天文学家发现将地球轨道也就是黄道视为水平或者作为标准较为方便一些。因为每一颗行星的轨道都以太阳为中心，所以都会和地球轨道一样有两个相对的点在同一个水平面上。更确切地说，这些点就是那些行星的轨道与黄道面相交的点。这些点叫作"交点"。

行星轨道与黄道面形成的夹角叫作二者的"轨道交角"（inclination）。水星轨道的倾斜度最大，超过6°。金星轨道的倾斜度是3°24′；所有外行星轨道的倾斜角度都比较小，从天王星的0°46′到土星的2°30′不等。

## 行星的距离

除了海王星以外，其他行星的距离都基本上遵循波德定律（Bode's Law），该定律是以首先提出这一定律的天文学家的名字命名的。定律内容是：取数字0、3、6、12等类似数字，每个数字加倍。然后在每个数字上加4，于是便得到除海王星以外每个行星与太阳的大致距离，具体如下：

水星　　　0+4＝4　　　　　　　实际距离　　4

| 金星 | 3 + 4 = 7 | 实际距离 | 7 |
|---|---|---|---|
| 地球 | 6 + 4 = 10 | 实际距离 | 10 |
| 火星 | 12 + 4 = 16 | 实际距离 | 15 |
| 小行星 | 24 + 4 = 28 | 实际距离 | 20~40 |
| 木星 | 48 + 4 = 52 | 实际距离 | 52 |
| 土星 | 96 + 4 = 100 | 实际距离 | 95 |
| 天王星 | 192 + 4 = 196 | 实际距离 | 192 |
| 海王星 | 384 + 4 = 388 | 实际距离 | 301 |

关于这些实际距离我们要说的是，天文学家没有采用英里或其他地面上的量度来表示天体之间的距离是基于两个原因。首先，地面上的量度太短了；应用于天体距离就好比用厘米表示两个城市之间的距离。其次，地面采用的度量不能精确地丈量宇宙空间的距离，那么，如果将太阳到地球的距离作为衡量标准，就可以精确地测量其他行星之间的距离。如此，要得到行星到太阳距离的天文学量度，需要用上表中最后一个数值除以10，或者在每一个数值的最后一个数字前加上小数点。

在上表中我们并没有用不必要的小数点分散读者的注意力。实际上，水星的距离是0.387，其他行星的距离不一一列举；我们只算作0.4再乘以10，从而得到一个近似值用以和波德定律相比较。

# 开普勒定律

行星在轨道上的运动遵循一定的规律，这个规律由开普勒提出，因而叫作"开普勒定律"（Kepler's Law）。这个定律的第一条已经讲过，即行星的轨道都是椭圆形的，太阳在椭圆形其中一个焦点上。

定律的第二条是，行星离太阳越近，运行速度越快。从数学上更准确地说，即行星和太阳的连线在相等的时间间隔内扫过相等的面积。

定律的第三条是，行星与太阳的平均距离的立方与行星公转周期的平方成正比。这条定律需要一些说明。假设一颗行星到太阳的距离是另一颗行星到太阳距离的4倍。那么其围绕太阳的运行周期将是另一颗行星运行周期的8倍。这个数值是这样求得的，4的立方等于64，然后再求平方根便是8。

天文学家用来表示太阳系中距离的量度单位是地球和太阳之间的平均距离，由此得出的内行星的平均距离是小数，如前所述，而外行星的距离在火星的1.5到海王星的30之间不等。那么，所有行星的距离取立方值以后再求平方根便得到行星以年为单位的公转周期。

外行星公转周期较长，不仅因为其路线长，也因为其本身运行速度就慢。如果像我们开始假设的那样，外行星到太阳的距离是原来的4倍，那么其运行速度将只有原来的一半。这就是为什么其公转周期是原来的8倍。地球的公转速度大约为18.6英里/秒。而海王星的公转速度只有大约3.5英里/秒，尽管其轨道长度是地球的30倍。这就是为什么海王星要历经160多年才能完成一圈公转。

# 第二节　水星

　　我们将依据行星和太阳之间的距离由近及远依次阐述八颗大行星。第一颗便是水星。水星不仅是离太阳最近的行星，而且是八颗大行星中最小的一颗；因为实在是太小了，若不是它所处的地位，很难称之为大行星。它的直径比月球直径大50%，因为体积与直径的立方成正比，所以水星的体积是月球的3倍。

　　水星轨道的偏心率在大行星中是最大的，但是，后面要讲的小行星其中有一些的轨道偏心率超过水星。因此，它到太阳的距离变化幅度很大。其近日点距太阳不到29 000 000英里，远日点与太阳的距离超过43 000 000英里。其围绕太阳的公转周期不到3个月，更确切地说是88天。因此，水星一年围绕太阳公转4圈之多。

　　水星围绕太阳公转4周有余地球才公转1周，显而易见水星合日一定会有规律地出现，尽管时间间隔不尽相等。图29准确地呈现了水星视运动的基本形态。图中内圈代表水星轨道，外圈代表地球轨道。当地球在E点而水星在M点时，水星与太阳下合。三个月后，水星再次回到M点，但是不会出现合日，因为在此期间地球也在其轨道上向前运行。当地球到达F点时，水星到达N点并再次与太阳下合。这种从一次下合到另一次下合的周期运动叫作行星的"会合"（synodic）运动。水星的会合周期比实际公转周期长约不到⅓；也就是说，弧MN略小于圆周的⅓。

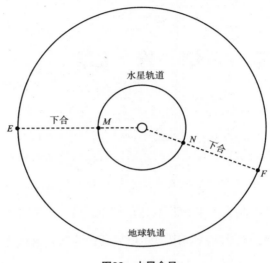

**图29 水星合日**

现在假设当地球在E点时，水星不在M点而接近轨道的最高点A，如图30所示。此时，从地球上看，水星与太阳的视距离最大；用专业语汇说即在东"大距"上。水星在太阳东边时，会在日落后1小时15分至1小时30分逐渐落下。此时是观测水星的最佳时机。如果天气晴朗，日落后半小时至1小时即可在暮色中看到它。水星在西大距上接近C点时在太阳西边；此时它在日出前升起，出现在黎明的晨曦中。

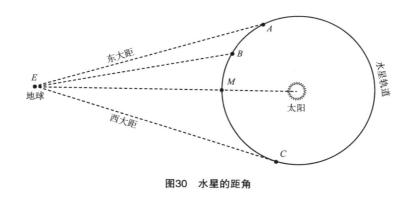

图30 水星的距角

# 水星表面及自转

当水星接近东大距时，用望远镜对水星进行研究的最佳时间是傍晚，若其早于太阳升起，则是在日出之后不久。如果水星在太阳东边，午后随时可以用望远镜观测，不过由于空气逐渐受到太阳光的干扰，此时很难有较好的观测效果。傍晚时分空气逐渐趋于平稳，观测效果较好。而在日落之后，大气层不断蔓延，从而不利因素又开始加剧。基于上述情况，水星在所有行星当中最难以观测到令人满意的效果，导致观测者对其表面的观测结果也千差万别。

德国人施罗特（Schröter）第一个认为其可以观测到水星表面的任何特征。当水星呈现月牙形状时，他认为南面的尖角似乎有时会变钝。他认为这是高山的阴影造成的；通过观察尖角变钝的间隔时间，推断出水星的自转周期是24小时零5分钟。与此同时，威廉·赫歇尔爵士用倍数更高的望远镜却并没有观测到这种现象。

直到不久前，几乎所有观测者都一致认同赫歇尔的观点，水星的自转时间是无法测定的。然而几年前，夏帕雷利（Schiaparelli）用一架精良的望远镜在意大利北部美丽的天空中注意到，水星的外观似乎日复一日地没有变化。于是他得出结论，水星面对太阳的是同一个面，就像月球面对地球的也是同一个面。洛威尔（Lowell）在弗拉格斯塔夫天文台（Flagstaff Observatory）的观测得出了同样的结论。然而这项观测的难度使这一观点并没有得到认同。谨慎的天文学家会说迄今为止我们对水星的自转还一无所知。[①]

几位天文学家绘制了水星表面图。这些图一如在所有通常情况下看到的，并没有什么特别之处。有明显不同的一张是在亚利桑那州弗拉格斯塔夫的洛威尔天文台绘制的。在这张图中水星表面最明显的特征是有暗线穿过其中。其他观测者并没有看到这种现象，直到这种现象得到不同的天文学家分别证实，天文学家才不再怀疑其真实性。这种现象的原因稍后将与火星一并讲到。

水星相对于太阳的位置变化，令其同月亮一样也有位相。水星相对于地球的明半球和暗半球之间的关系决定了其位相。背对太阳的半球处于黑暗之中，在地球上永远看不到。当水星上合时，其明半球转向地球，看上去圆圆的形似满月。当水星从东距角向下合移动时，暗半球越来越多地转向地球，地球上能看到的明半球则越来越少。这种情况对观测造成了不利，不过在此期间水星离地球越来越近，成为从地球上观测可以看见的明半球的有利条件，从而弥补了不利因素。水星的视形状和视大小在其会合周期的不同时段经历了一系列变化，与下一节要讲的金星非常相似。

---

[①] 1965 年的观测表明，水星公转两周的同时自转三周。——编者注

水星上是否存在大气层是一个仍存争议的问题，普遍的观点持否定态度。似乎较为确定的是，水星上即便有大气层也极为稀薄无法反射太阳光。[①]

# 水星凌日

显而易见，如果内行星和地球在同一个平面上围绕太阳公转，那么每一次下合我们都会看到内行星经过日面。然而任何两颗行星的公转轨道都不在同一个平面上。在所有的大行星中，水星的轨道与地球轨道的倾斜角度最大。如此导致当水星下合时，通常或远或近地经过太阳北边或南边。然而，如果此时水星恰好接近其中一个交点，我们就会看到水星如一个小黑点横穿日面。这个现象叫作水星凌日。这种凌日现象3~13年出现一次。因为可以准确地测定行星进入日面的时间以及再次离开的时间，所以这项观测引起了天文学家的极大关注。而且，凭借这些时间，便可掌握这颗行星确切的运动规律。

1631年11月7日，加桑迪（Gassendi）第一次观测到水星凌日。然而，由于其观测仪器的缺陷，他那次观测在当前没有任何科学价值。1677年，英格兰人哈雷（Halley）在到访圣赫勒拿岛（St.Helena）期间也观测到了水星凌日，这次观测比之前的观测好一些，但也并不理想。从那以后，水星凌日得到有规律的观测。下面是未来50年将要发生的水星凌日，以及地球上的观测地点：

1907年11月14日，可见于欧洲和美国东部。

---

① 现在的研究表明，水星表面有极稀薄的大气，几乎可以忽略不计。——编者注

1914年11月7日，地点同上。

1924年5月7日，开始于太平洋沿岸，整个过程只见于太平洋和亚洲东部。

1927年11月9日，可见于亚洲和欧洲东部。

1937年5月11日，水星擦过太阳南侧边缘。可见于欧洲，以及美国日出之前。

1940年11月10日，可见于美国西部及太平洋诸州。

1953年11月14日，可见于美国全境。

自1677年以来，观测水星凌日成为最困扰天文学界的事情之一。水星轨道的位置在缓慢发生着变化。在所有已知行星的引力作用下，水星的近日点每百年向前移动的距离比其本应向前移动的距离远43″。这一误差由勒维耶（Leverrier）于1845年发现，此人因在海王星发现之前计算出其位置而闻名。他认为，在水星和太阳之间存在一颗行星或者一群行星，其引力造成了这一误差。他的设想一经宣布便引发人们纷纷寻找这颗假想中的行星。1860年，法国乡村医生勒卡尔博博士（Dr. Lescarbault）认为他用一架小型望远镜看到了那颗行星经过日面。但是他的观测很快被证实是错误的。另一位更有经验的天文学家也在同一天观测了太阳，却只看到了一个普通的黑子，除此什么也没有看到。也许正是这个黑子误导了那位医生天文学家。迄今40年间，每天都有人在多地仔细查看太阳并拍照，并没有发现此类任何东西。

然而仍然有可能在上述区域存在那颗小行星在运行，因为太小而在经过日面时没有被捕捉到。如果事实如此的话，其光芒将被天空的光辉完全遮蔽，以至于平常不会被看到。然而仍然是有机会看到的，即在日全食期间，当太阳光被遮蔽以后。观测者不时在日全食期间寻找着它们。有一次真的发现了类似的东西。1878年日全食期间，两位才干与经验兼具的教授，安娜堡（Ann Arbor）的沃森（Watson）和路易斯·斯威夫特（Lewis Swift）认为他们发现了类似的天体。但是严格的观测证实，沃森看到的是一对在那里永远固定不动的星星。斯威夫特教授的观测从未经过查证，因为他无法确定结论是肯定的。

尽管屡次寻找未果，观测者仍然在几次主要的日全食期间继续寻找。笔者曾在1869年和1878年日全食期间用一架小型望远镜寻找过。如今，皮克林（Pickering）教授和坎贝尔（Campbell）教授在1900年和1901年的日食发生时使用了强大的照相技术。坎贝尔对1901年日食进行观测的结果是目前最具决定意义的。他用照相望远镜拍摄了大约50颗星，有一些非常昏暗相当于8等星，不过这些星星都是我们已知的。因此，似乎可以肯定的是在所论及的区域没有比8等星更明亮的水内行星。而且几十万颗这样的星星才能造成已知的那种水星的运动现象。数量如此庞大的星星将使那一片天空比我们所见过的都更加明亮。可以肯定的是水星近日点的运动不可能是水内行星造成的。除了上述所及都不支持这颗行星的存在，还有一点不能成立的是，如果这颗行星是存在的，那么它将引起水星或者金星抑或二者交点的位置都发生相似的变化，尽管变化会比较小。

总而言之，可以肯定的是，任何天体的引力都不可能造成已知的误差，这个现象仍然原因不明。对这个问题的最新推断是，引力略微背离了平方反比定律，不过这一推断需要进一步的科学研究。

# 第三节　金星

　　金星是天空中所有类似恒星的天体中最明亮的。只有太阳和月亮比之更明亮。在晴朗而没有月亮的夜晚，金星甚至可以照出影子来。如果观测者知道金星出现的确切方位，而且有一副好视力，在太阳不在金星近旁的情况下，当金星接近子午线时便可在白天看见这颗星。当金星在太阳东边时，可以在西天看到它，日落前微弱暗淡，当太阳光完全消失后逐渐变得明亮。当它在太阳西边时，在日出之前升起，此时可以在东方天空看到它。在这两种情况下，金星分别称为昏星和晨星。当它是昏星时，古人把它叫作长庚星，当它是晨星时，古人把它叫作启明星。据说，古时并不知道长庚星和启明星是同一颗星。

　　用望远镜观测金星，会看到它呈现出像月亮一样的位相，即使用低倍望远镜也看得到。伽利略第一次用望远镜观测金星时就发现了这一点，并使他坚信哥白尼学说（Copernican System）的正确性。按照当时的惯例，他以字谜的形式发表了这个发现。字谜是一串字母，组合在一起便可说明这个发现。其字谜翻译成英文是："爱的母亲模仿辛西娅的样子。"

　　我们已经讲过的水星的会合运动原则上也适用于金星，因此无须赘述。图31是金星在其会合轨道不同位置上的视大小。当金星从上合向下合移动时，虽然我们看不到其全部轮廓，仍可看出其球体的视大小逐渐变大。然而圆面明亮的部分逐渐变小，首先变成半月形，然后变成新月形，越来越细直至下合。在下合点上，暗半球转向我们，行星完全是看不到的。金星在下合与大距的中点上最为明亮。此时，金星若在太阳东边，将在日落后两小时落下，若在太阳西边，则在日出前两小时升起。

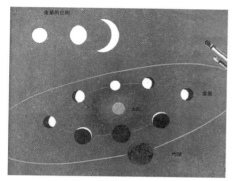

图31 金星在轨道中各点的位相

## 金星的自转

自伽利略时代以来，金星的自转就引起了天文学家和大众的兴趣。但是由于金星闪耀着特有的炫目光芒，给研究这个问题造成了极大的困难。透过望远镜，在金星上看不到任何清晰可辨的印记。其表面只有炫目的强光，略带区间层次变化，看起来好似一个抛光的又略带锈色的金属球。尽管如此，形形色色的观测者认为他们能够看出明暗的斑点。早在1667年，卡西尼（Cassini）根据这些表面上的斑点推断，金星的自转周期不到24小时。在此后的一个世纪，意大利人布朗基尼（Blanchini）就这个问题发表了一篇内容丰富的论文，文中绘制了许多金星的图示加以说明。他的结论是，金星的自转周期超过24天。卡西尼维护其父亲的结论，声称金星每天晚上都在布朗基尼观测的时间周期之间自转一周多一点。由此可见，这位意大利天文学家自然是每天夜晚都看到斑点向前移动一点，并据此判断金星的运动，而没有意识到在两次看到斑点之间这个球体已经自转一周。24天之后，这颗行星的同一个半球如此前一样朝向地球，在此期间这颗行星已经完成了25个自转周期。

施罗特试图用他研究水星自转的方法研究金星自转的问题。他专注于研究金星新月时纤细的尖角，此时金星大致处于地球和太阳之间。他认为在特定的时段其中一个尖角会稍微有一点钝。他将这种现象归因于高山的阴影，推断金星的自转周期是23小时21分钟。

自施罗特之后直至1832年才有人阐明这个问题。当时，罗马人德维科（De Vico）宣称他重新发现了布朗基尼看到的标志物。他断言金星的自转周期是23小时21分钟，与施罗特的结论一致。

有四位杰出的观测者一致得出了这个结论，致使金星的自转时间是23小时21分钟得到普遍认同。但是仍然存在反对意见。伟大的赫歇尔用当时倍数最高的望远镜从未在金星上发现任何参照物可以作为永久性标记。如果有类似的斑点出现，它也是变化的并将迅速消失而无法为自转提供证据。绝大多数观测者一直得出的都是这个否定性结果。

不过最近，夏帕雷利提出了一个出人意料的新理论，并且得到了洛威尔的支持。即金星的自转周期与围绕太阳的公转周期相同；换句话说就是水星和金星面对地球的都是同一个半球，就像月球之于地球一样。夏帕雷利注意到金星南半球上有一些非常暗淡的斑点连续几天都出现在同一个位置，天天如此，由此得出了这个结论。他可以每天连续观测金星几个小时，斑点的稳定存在否定了金星在一天之内自转一周多一点的观点。洛威尔在亚利桑那天文台对金星进行的仔细研究得出了相同的结论。

最新的结论是利用光谱仪得出的。我们已经讲过如何用这个仪器判断一个天体正向我们而来还是正离我们而去。适用于恒星的原理也同样适用于因为反射太阳光而为我们所见的行星。那么，如果金星自转的话，其圆面的一部分将向我们移动，另一部分则背离我们。比较金星圆面两边产生的光谱上的暗线，可以判断圆面上的不同点是如何向地球移动的。由此，贝洛珀尔斯基（Belopolsky）发现金星受到高速自转的影响。观测难度很大，光谱上线条的位移很小，因而无法阐释一个明确的结论，尽管事实上可能性很大。从总体上看，我们只能认为这一结论是目前可能性最大的，尽管与夏帕雷利和洛威尔天文台的观测结果都不一致。但是光谱观测这一手段还不足以精确地得出自转的确切时间。关于金星大气层的最新发现基本上肯定在这颗行星上看到标记物的说法都是错误的。

# 金星大气层

现在非常肯定的是，金星外面包裹着大气层，其密度可能大于地球大气层。1882年，笔者在好望角观测到的金星凌日神奇般地揭示了这一点，非常有趣。当金星的视圆面有一半多一点在视日面上时，其在视日面外面的边缘明亮了，如图32所示。然而，这个光亮不是在弧的中点开始出现的，如通常由折射引起的那样，而是在接近弧的一端的一个点上开始出现的。普林斯顿的罗素（Russell）解释了这个现象，他指出大气层中充满了水蒸气导致我们不能通过大气层直接折射而看到太阳光。我们所看到的是一层漂浮在大气层中被照亮的水蒸气或云。如果事实如此，那么地球上的天文学家根本无法透过这些云看到这颗行星的固体本体。据此，那些所谓的斑点只能是暂时的云彩，并且会不断发生变化。

为了说明这个连优秀的观测者都会被误导的假象，我们要提及另一个情况，有几位观测者认为，金星接近下合时从地球上可以看见其整个半球。此时金星的样貌即所谓的"旧月抱新月"，当月亮是纤细的新月时，看过地球这颗卫星的人都会熟悉这个情形。当这种情形发

图32 金星

生于月球时，众所周知我们之所以能看见月球的暗半球是因为其反射来自地球的光线。但是这种情形之于金星时，金星没有可能反射来自地球或者其他天体的足够的光线。有时候有解释说整个金星表面可能覆盖了一层磷光。但这更可能是视觉错觉。这种现象通常见于白天，此时天空明亮，任何像磷光这样的微光都将完全看不见。不管这种光亮产生的原因是什么，都更应该见于黄昏之后的夜晚，而不是白天。而事实上在夜晚却看不到，这似乎说明了其有悖于客观事实。

这个现象说明了一个著名的心理学定律，即想象中容易夹杂习惯看到的事物，即使对象并不存在。我们对月亮上的现象习以为常，于是当在金星上看到大体相似的现象时便导致我们幻想了一个熟悉的情形强加于金星了。

# 金星有卫星吗

在过去的两百年里，有几位观测者不时认为他们看到金星有一颗卫星。无数观测者利用很好的望远镜却都没有看到。我们可以有把握地说目前倍数最大的望远镜都没有看到金星有卫星。这些想象中的卫星对于天文学家可能就像是"幽灵"。用望远镜观测一个明亮的天体时偶尔就会看到这些所谓的卫星，这是由于透镜中物镜或目镜产生的二次光反射。

几年前，笔者收到一封英国的来信，寄信人有一架非常大的望远镜，他在信中写道，他经过仔细观测，看到火星有一圈微弱但轮廓清晰的光环。他想知道这圈光环是否客观存在，若不存在那么如何解释这个现象。笔者在回信中告诉他，这个现象缘于物镜里面的两个透镜之间产生的光的二次反射，这两个透镜的曲度接近，但并不完全一致。并建议他用望远镜观测天狼星，看看是否这颗星周围也有相似的现象。他大概发现情况的确如此。

# 金星凌日

金星凌日属于罕见的天文学现象，因为平均60年才发生一次。在过去及未来的数百年间形成了一个有规律的循环周期，在243年间发生4次金星凌日。其发生的间隔时间分别为105年半、8年、121年半、8年；然后又是105年半依次循环。过去六次及未来两次金星凌日发生的日期如下：

1631年12月7日　　　　1874年12月9日

1639年12月4日　　　　1882年12月6日

1761年6月5日                    2004年6月8日

1769年6月3日                    2012年6月6日

可见我们这个时代的人不可能看到这个现象了，因为下一次金星凌日要到2004年才发生。[①]

在过去的一百年间热衷于研究金星凌日的起因是，据推测其为测定太阳和地球之间的距离提供了最好的方法。这一说法以及这个现象的罕见性导致对过去四次金星凌日进行了大规模观测。1761年和1769年，主要海洋国家派遣观测者到世界各地记录这颗行星进入和离开日面的准确时间。1874年和1882年，美国、英国、法国和德国都组织了大规模的远征队。在1761年观测时，美国在北半球占据的观测点有中国、日本和西伯利亚东部，在南半球的观测点是澳大利亚、新西兰、查塔姆岛（Chatham Island）和克尔格伦岛（Kerguelen Island）。1882年，美国无须再派出那么多考察队，因为金星凌日在本土就可以看到。在南半球，观测点设在好望角以及另外几个地点。这些考察队的观测对于测定金星未来的运动极具价值，但却发现其他测定太阳和地球之间距离的方法将会更为准确。

---

① 2004 年的金星凌日出现在 6 月 8 日，之后的一次金星凌日出现在 2012 年 6 月 6 日，预测的下一次将发生在 2117 年 12 月 11 日。

# 第四节　火星

近些年，火星较之其他行星引起了更多人的兴趣。火星与地球的相似性，对于火星上运河、海洋、气候、降雪等的猜测都使我们对其是否存在生命的可能性产生了兴趣。或许会让那些想了解我们相邻的这个星球上有高级生命存在的证据的读者感到失望，不过我仍将努力说明对火星掌握的实际情况，将这些情况从过去20年中混迹于流行刊物的大量不切实际的想象和没有根据的推理中厘清。

首先从这个星球的详细资料讲起，这将有助于我们认识这个星球。火星的公转周期是687天，或者差43天两年。如果其公转周期恰好是两年，那么火星公转一圈地球将公转两圈，这颗行星的冲也将规律地每两年出现一次。可是火星运行得比这个时间快一点，地球用一至两个月的时间才能赶上它，因此冲发生的间隔时间是两年零一个月至两年零两个月。多出的这一至两个月在8次冲之后补足为一年；于是，大约每隔17年火星的冲将在一年中的同一时间和轨道上的同一个位置附近发生。在此期间，地球公转17圈，火星公转9圈。

冲发生的时间间隔有一个月左右的误差，原因在于火星轨道的偏心率比较大，火星轨道的偏心率在大行星中仅次于水星。其数值为0.093，接近

¹/₁₀。据此，当火星在近日点时，其到太阳的距离比二者的平均距离近几乎¹/₁₀，当其在远日点时，二者之间的距离比平均距离远将近¹/₁₀。火星在冲位时与地球之间的距离也围绕这个数值发生变化，换算成英里则距离本身的变化幅度是很大的。若冲发生时火星在近日点附近，火星到地球的距离大约是43 000 000英里；若此时火星在远日点附近，则火星到地球的距离大约是60 000 000英里。这种情况导致9月份火星在近日点发生冲时其亮度是2、3月份在远日点发生冲时的3倍。1903年3月底发生了一次火星冲日，下一次将发生在1905年5月初。在此之后，1907年6月底和1909年8月火星冲日将发生在近日点附近。

当火星接近近日点时，因其璀璨夺目、泛着淡红色的光彩而明显与众不同，很容易辨认。奇怪的是，在望远镜里看到的火星没有用肉眼看起来那么红。

## 火星表面及自转

伟大的惠更斯在1650—1700年享有盛誉，他第一个用望远镜看到火星表面呈现出复杂多样的特征，并且将火星的表面绘制成图。他所描绘出的特征至今仍能够明确辨认出来。观察这些特征可以很容易看出火星的自转周期比地球上的一日略长（24小时37分）。

这个自转周期是所有行星中除地球以外唯一确凿无疑的。两百年来火星一直以这个精确的速率自转，没有理由怀疑这个周期将会明显地比地球一日的长度发生更大的变化。火星的自转周期与地球上一天的时间如此接近，仅仅超出37分钟，从而导致火星连续在夜晚同一时间呈现给地球的几乎是同一个面。然而，由于火星的自转周期比地球的自转周期略长，因而每晚火星都会较前一晚落后一点点，于是40天以后，我们就会看遍火星展现给地球的每一个部分。

目前已知火星的情况都可以体现在火星的地图上，包括其表面的明暗区域，以及事实上通常见于覆盖在其两极的白色冠状物。当极点向地球倾斜时也因此向太阳倾斜，这个冠状物就会逐渐变小，当极点远离太阳时又会再次增大。后一种情形在地球上看不到，只是发现它再次出现在视野里时比原先变大了，以此做出推断。这些冠状物自然被猜测是雪或者冰，在火星的冬季凝结在极点周围，在火星的夏季部分或全部融化。

# 火星的运河

1887年，夏帕雷利开始对火星进行观测，这次观测非常有名，因为他宣布发现了所谓的运河。这些所谓的运河是火星上从一个点经过另一个点的条纹，比普通的火星表面稍微有点暗。因为不当翻译引起的误解几乎没有比这一次更多的了。夏帕雷利把这些条纹叫作canale，这个意大利语单词意为水道。他之所以这样命名是因为当时推测火星表面的暗区是海洋，于是推断连接海洋的条纹也是水，所以叫作水道。然而翻译成英文"cancel"（运河）却被广泛理解为这些条纹是火星上的生物所为，就像地球上的运河是人为的一样。

至今，这些水道在观测者和天文学权威之间仍然存有争议。原因是这些条纹在原本均匀的表面上并不清晰。火星上到处都是各种各样的阴影——呈或明或暗的片状，非常微弱而且模糊不清以至于通常难以说明准确的形状和轮廓，而且互相穿插看不出层次。极度难以辨认，以及在不同的光照和地球大气层不同的状态下呈现不同的外观都导致对这些水道的描绘差异很大。亚利桑那州弗拉格斯塔夫的洛威尔天文台的观测者绘制的图就是一个极端的例子。在这些图中，水道被画成了很细的暗线，数量众多形成网络覆盖了水星表面的大部分。在夏帕雷利绘制的图中，这些水道呈宽阔的带状，很模糊，完全不像洛威尔天文台的图那样清晰。洛威尔天文台的图中水道比夏帕雷利看到的水道多很多。由此我们或许可以推测夏帕雷利所标注的水道在洛威尔天文台的图中都能找到。然而事实远非如此；两幅图仅仅是大体相似。洛威尔天文台的图中最奇特之处是水道相互交叉的点是用深色的圆点标注的，就像圆形的湖。夏帕雷利的图中没有这样的点。

火星上最清晰可辨的特征之一是一个巨大的、深色的、近似圆形的斑点，周围是白色的，叫作"太阳湖"（Lacus Solis）。所有的观测者对此意见一致。他们也基本上认同暗淡模糊的条纹或者水道是从这个湖延伸出来的。然而继续探究则发现观测者对于水道的数量意见不一，对于周围的地貌特征也没有完全一致的意见。坎贝尔和赫西（Hussey）在里克天文台分别为这个区域绘制了一幅图，这两幅图恐怕是在最好的条件下绘制而成的，对这两幅图进行研究会很有意思。

没有哪个天文台的环境比汉密尔顿山上的里克天文台更适宜观测火星了。那里的望远镜是世界上最大最好的，并且专门指向火星，巴纳德（Barnard）是最严谨的观测者之一。因而尤为值得关注的是，巴纳德在里克望远镜里看到的火星表面的特征与夏帕雷利和洛威尔天文台观测到的水道并不完全类似。当空气格外稳定的时候，他能够看到其他观测者用比里克望远镜小的望远镜所看不到的大量细微而又非常模糊的痕迹。这些痕迹错综复杂甚至无法绘制成图。这些痕迹不只存在于明亮的区域或者所谓的陆地，在所谓的海里会发现更多。这些痕迹并不像水道那样规则分布从一处流向另一处。深色的条纹确也到处都能找到，其中一些与所谓的运河类似，但是与夏帕雷利和洛威尔天文台绘制的特征相比极为不规则。如图33所示。

图33　火星上的水道

　　细心又勤奋的意大利观测者切鲁利（Cerulli）对此给出了一个看似合理的解释。在对火星进行了两年的观测之后，他发现他用观剧望远镜①在月球表面上能够看到（或者以为他看到了）与火星上相似的线条和痕迹。这个现象没有被看作是纯粹的错觉，也没有被认为是客观事实。这是眼睛

① 一种小型、低倍率的望远镜，多在观赏戏剧时使用。

的本能行为，将太过细小而无法分辨的光与影不规则的简单重叠塑造成规则的形式。

# 水道的可能本质

火星的基本情况总结如下：

火星表面有复杂多样的明暗区域，且没有清晰的轮廓。

火星表面有大量暗纹，大多轮廓不清，绵延距离相当远。

暗区多数不同程度地串联在一起，从而呈现出长长的深色水道。

第三种现象可能与切鲁利的观测相类似，根据是刻在钢板上的点画肖像，或许用放大镜看着点画可以解释得更清楚。在放大镜下面看到的只是排列成各种直线和曲线的点。拿走放大镜，眼睛便将这些点连在一起形成轮廓清晰的人的面部特征。如同眼睛将这些集中在一起的点形成一张脸孔，火星上的微小痕迹也可以如此形成绵延连续的水道。

我们到目前为止所讲述的特征都不在火星的两极范围内。即使白色的冠状物融化殆尽，这两个区域的观测角度依然是倾斜的，因而很难在上面发现任何清晰的特征。那么覆盖在这两个地方的冠状物是否真的是雪，火星的冬季是否真的会下雪，而在太阳再次照耀两极区域时融化，这些都是很有意思的问题。要想说明这些问题，我们必须了解一些火星大气层的最新研究成果。

# 火星大气层

所有新近观测者都一致认同，即使火星有大气层，也会比地球大气层稀薄，并且水蒸气含量极低甚至没有。望远镜和光谱仪的观测结果都得出了这个结论。经过反复地仔细观测发现，如果能够发现水星上的特征的话，那么这些特征几乎不会因为火星大气层中所谓的水蒸气而变得模糊。的确这些特征在每次观测时清晰度都不一样；但是其外观上的变化远没有地球大气层的纯净度和稳定性的变化产生的影响更大，而天文学家进行观测必须要穿过地球大气层。尽管在火星视圆面的边缘附近，火星上的特征显得很模糊，好似透过很厚的大气层看起来的样子，但是之所以产生这种现象，至少部分原因在于光线是倾斜的，使我们看圆面边缘的视野没有看圆面中心的视野那样好。用肉眼或观戏望远镜观察月球时或许会注意到同样的情形。不过也很有可能景象变模糊的现象在一定程度上缘于火星上稀薄的大气层。

坎贝尔用光谱仪对火星进行了最细致的观测，并且对比了火星和月球的光谱。他没有检查出两个图谱有任何细微的差别。那么，如果火星有大气层，并且有很强的选择吸收光线的能力，我们会在光谱中看到因为光线吸收而产生的谱线，或者至少会有其中一些谱线加强了。由此，我们可以大体得出结论，虽然火星上很有可能存在大气层，其大气层也会相当稀薄，并且水蒸气含量极低。既然大气层中水蒸气凝结才能产生降雪，因而火星的两极区域不可能存在很多降雪。

另一个需要考虑的因素是，太阳光线融化积雪的力量必然受到其传导的热量的限制。在火星的两极区域，光线照射的倾斜角度很大，即使光线传导的所有热量都被吸收了，也只有几英尺的积雪能够在夏天里融化。然而却还要有很大比例的热量必定被白雪反射向寒冷的宇宙空间，这种辐射很强烈，使得积雪依然保持很低的温度。由此可见，两极区域附近能够形成的降雪和能够融化的积雪数量必定很少，或许厚度只有几英寸。

即使降雪稀少也足以形成白色的表面，因此这并不能证明冠状物不是积雪。不过这种外观似乎更有可能只是水蒸气凝结在极其寒冷的地表，类似于霜，就是露水结成的冰。对我来说，这似乎是对两极地区冠状物最合理的解释。也有观点认为冠状物也许是碳酸凝结形成的。对此我们只能说，这个理论不是不可能而是似乎缺乏可能性。

读者会谅解我在这一节没有讲任何有关火星上存在生命的可能性。其实关于这个问题读者和我知道的一样多，那就是火星上根本不存在生命。


# 火星的卫星

1877年，阿萨夫·霍尔（Asaph Hall）教授在海军天文台发现了火星的两颗卫星，这个发现震惊了全世界。这两颗卫星太小了所以之前一直没有发现。没有考虑到卫星可能像这两颗这么小，所以从未有人花费精力利用大型望远镜仔细寻找过。一经找到，却发现这两颗卫星并不难找。当然，即便这两颗卫星很容易找到，能否看到它们依然取决于火星在其轨道上的位置和相对于地球的位置。只有火星接近冲时才能看见这两颗卫星。每次冲时可以观测到这两颗行星的时间不等，根据当时的情况可能是3个月、4个月，甚至是6个月。在接近近日点的冲，可以用口径小于12英寸的望远镜看到它们；究竟可以用多小的望远镜取决于观测者的技术，以及防止火星光线刺眼所做的防护。一般望远镜的口径要在12~18英寸。观测难度完全是火星的光芒造成的。如果这个问题能够得到解决，无疑可以用很小的望远镜看到它们。由于受到火星光芒的影响，外面那颗卫星比里面那颗更易于观测，尽管里面那颗或许是二者之中更亮的。

霍尔教授给外面那颗卫星命名为"戴莫斯"[①]，给里面一颗命名为"弗伯斯"[②]，在希腊神话中它们是战神马尔斯的侍从。弗伯斯的显著特点是，其围绕火星旋转一圈的时间不到9小时，是太阳系中已知公转周期最短的。这个时间比火星自转周期的三分之一长一点点。鉴于此，相对于火星上的居民，离火星最近的月亮是西升东落。

戴莫斯的公转周期是30小时18分。这个快速运动的结果是，在其出没之间大约过去了两天时间。

弗伯斯到火星表面的距离只有3 700英里。如果火星居民有望远镜的话，它一定是一个很有趣的观测对象。

就大小而言，或许除了爱神星（Eros）和部分微弱的小行星，这两颗卫星是太阳系中我们能够看到的最小的天体。皮克林教授应用光度学估算二者的直径在7英里左右。据此，我们所看到的视大小和从纽约用望远镜看波士顿上空的一个小苹果的视大小差不多。在这方面这两颗卫星与几乎所有其他卫星形成了鲜明的对比，其他卫星的直径大多在1 000英里以上。其中木星的第五颗卫星是一个特例，我们将在木星及其卫星一节加以讲解。尽管这颗卫星的直径小于1 000英里，但其大小必定远远超过火星的卫星。

---

① Attendant，中文名为火卫二。——译者注
② Phobos，中文名为火卫一。——译者注

卫星对于天文学家了解火星准确的质量具有极大的帮助，具体将在随后关于行星重量的计算方法一节中讲解。

卫星在引力方面也都存在着许多奇特而不同的问题。卫星的轨道似乎都存在微小的偏心率，其赤道位置因为自转而向外突出，这种现象造成其公转轨道面的位置发生变化。对这些变化进行计算而不是观测开创了另一个研究领域，现就职于德国柯尼斯堡大学（University of Koenigsberg）的赫尔曼·斯特鲁（Hermann Struve）教授在这一领域处于领军地位。

# 第五节 小行星

行星之间的距离一经准确算出，太阳系中火星和木星轨道之间的所谓间隔便自然地吸引了天文学家的注意。当波德宣布他的定律时，这个间隔备受瞩目。一串规律排列的8个数字，除其中一个外，其他每一个数字都代表一颗行星的距离。那个数字的位置是空的。那里真的是什么也没有吗，或者只是因为那里的行星太小而没有被注意到？

意大利天文学家皮亚齐（Piazzi）解决了这个问题，他在西西里岛（Sicily）的巴勒莫（Palermo）有一个小型天文台。他酷爱天文观测，用望远镜确定星星的位置，并为所有他确定位置的星星编制目录。1801年1月1日，他开创了新纪元，在此前未有任何发现的地方发现了一颗星；并且迅速得到证实这颗星正是长期以来在寻找的行星。这颗星被命名为"谷神星"（Ceres），意为麦田女神。

令人吃惊的是，这颗行星非常小；知道了它的轨道以后证实其偏心率很大。很快就有了新的发现。这颗新的行星发现以后，在它完成一个公转周期之前，奥尔贝斯（Olbers）博士在相同的区域发现了另外一颗运行中的行星，奥贝尔斯博士是不来梅（Bremen）的物理学家，闲暇时进行天文学观测和研究。相继发现的是两颗很小的行星而不是一颗巨大的行星。奥贝尔斯博士提出这两颗小行星可能是一颗行星破碎之后的碎片，倘若果真如此，可能还会发现更多。这个推测的后半部分得到了证实。在随后的三年里，又发现了两颗这样的小行星，总数就是4颗了。

就这样过去了四十年。到了1845年，一位名叫亨克（Hencke）的德国观测者发现了第五颗小行星。第二年发现了第六颗，然后便开始了神奇的一系列发现，每一年都有新的发现，目前已知的数量迅速超过了五百颗。

# 寻找小行星

直至1890年，有几位观测者一直在寻找小行星，他们专注于此，寻找小行星犹如猎人打猎一样。可以这么说，他们会设置陷阱，画出黄道附近某一小片星空的分布图，熟悉星星的分布，然后守望目标出现。一旦目标出现即又找到一颗小行星，于是猎人将其收入囊中。

相继出现许多小行星猎手，其中一些人对其他天文学工作一无所知。19世纪50年代他们之中最成功的一位是高施密特，如果我没记错的话他是巴黎的珠宝商。詹姆斯·弗格森（James Ferguson）教授在华盛顿天文台发现了3颗。维也纳（Ferguson）的帕利扎（Palisa）创造了纪录。在这一百年里，克林顿（Peters）的C·H·F·彼得斯（C.H.F.Peters）教授和安娜堡（Ann Arbor）的詹姆斯·C·沃森（Watson）非常成功。最后三位一共找到了两百多颗。

1890年，照相技术成为寻找小行星的一个更加简单有效的手段。天文学家将望远镜对准天空，用长曝光给星星拍照，曝光时间可能长达半个小时左右。恒星拍摄在底片上是一个小圆点。若一颗行星恰在恒星之中，那么它将是移动的，于是它的照片是一条短线，而不是一个点。天文学家不必再巡视天空，只浏览照片即可，工作起来更加容易，因为行星有拖尾一下就能辨认出来。

最近，几乎每年都会发现十几颗甚至更多小行星。当然，随着时间的流逝未知的小行星会更小更加难以寻觅。不过到目前为止，小行星的数量一直在不断增加。大多数新近发现的小行星都非常小，而且似乎数量的增加伴随着体积的减小。就连其中较大的也着实太小了，用普通的望远镜看只是类似星星的点，甚至它们的圆面用倍数最大的望远镜也难以看清。就目前的测量结果，最大的小行星的直径也只有300~400英里，当然都是最早发现的。最小的可以粗略地根据亮度推断，直径可能在20~30英里。

## 小行星的轨道

这些小行星的轨道其偏心率基本上都非常大。例如司瑟星（Polyhymnia），其轨道偏心率大约是0.33，这意味着在近日点它到太阳的距离比它到太阳的平均距离近⅓，而在远日点则远⅓。碰巧它到太阳的平均距离刚好大约3个天文单位；因此它到太阳的最小距离是2，最大距离是4，最大距离是最小距离的2倍。

另一个值得关注的是，大多数小行星其轨道的倾斜角度非常大。有的超过20°，智神星（Palla）的轨道倾角是28°。

奥尔贝斯认为这些小行星可能是一颗行星爆炸后的碎片，这个观点现在已经不作为参考。小行星的轨道分布范围太宽，如果这些小行星曾经组成一个星球，那么它们的轨道此前无法结合在一起。现在认为这些小行星从最初一直就是现在这样的。根据星云假说，所有的行星是曾经围绕太阳运转的环状星云的组成部分。环中的物质逐渐聚集到环中密度最大的质点周围，从而凝聚成为一个天体。据推测小行星带没有以此种方式聚集到一起，而是分散成为不计其数的碎片。

# 轨道分组

这些小行星的轨道有一个奇特之处或许可以解释小行星的起源。我已经讲过行星的轨道近似于圆形，但是并不以太阳为中心。想象从无限高的高度向下看太阳系，设想小行星的轨道看起来如图中精细绘制的圆圈。这些圆圈看起来相互交错就像一个错综复杂的网络，形成一个宽阔的圆环，这个圆环的外圈直径接近或恰好是内圈直径的2倍。小行星群如图34所示。

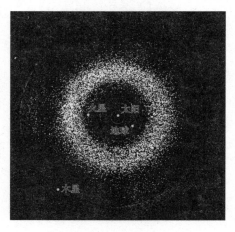

**图34 小行星群**

设想这些圆圈犹如金属丝可以拿起来以太阳为中心，而不改变大小。其中较大圆圈的直径是较小圆圈直径的2倍，因此这些圆圈占据了宽阔的空

144

间，如图35所示。此时，一个奇特的情形是，这些轨道在整个空间的分布不是均匀的，而是有明显的分组。这些分组参见上面的小行星轨道图以及另一幅图，在第二幅图中更加清晰完整，图中的轨道分布说明如下：每一颗行星的公转周期都是一定的，行星距离太阳越远公转周期越长。因为轨道的圆周是1 296 000秒（360度），因此如果用公转周期除以这个数值，所得的商是这颗行星一天中在轨道上运行角度的平均值。这个角度叫作行星的平均运动。小行星的平均运动从300秒至1 000多秒，数值越大公转周期越短，离太阳越近。

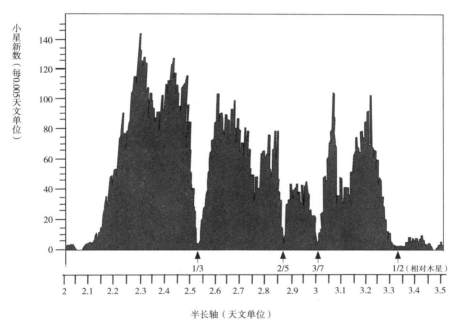

**图35　小行星轨道的分布**

现在画一条水平线，标出平均运动的数值，从300秒至1 200秒，中间用100秒等分。在两个刻度之间，有多少颗行星的平均运动值在这个区间就标出多少个点。例如，在550秒和560秒之间有三个点。这意味着，有三颗行星的平均运动值在550秒和560秒之间。

仔细查看这幅图可以区分出5到6个群。最外侧的一个群在400秒和460秒之间，距离木星最近。公转时间不超过8年。此后至560秒有一道很宽的间隔，在540秒和580秒之间有10颗星。从这个点往下行星更多了，但是在700秒、750秒和900秒我们发现的点很稀少，甚至没有。此处最明显的特点是，在这些空白处，行星的运动只与木星的运动相关。一个行星的平均运动是900秒，那么它围绕太阳运行一圈的时间是木星公转周期的⅓；如果一颗行星的平均运动是600秒，那么它围绕太阳运行一圈的时间是木星公转周期的½；如果一颗行星的平均运动是750秒，那么它围绕太阳运行一圈的时间是木星公转周期的⅖。这是天体力学定律，即行星的轨道与另一颗行星发生上述简单关系会因为二者之间的相互作用而在运行时间上发生巨大的变化。由此，第一个指出这一系列间隔的柯克伍德（Kirkwood）认为，间隔产生的原因是处于其中的一颗行星不能永远保持其轨道。然而奇怪的是并没有什么间隔，相反，那里有一些行星其平均运动接近木星平均运动的⅔。由此可见其观点是值得怀疑的。

## 最奇特的小行星

有一颗小行星非常特殊，引起了我们的特别关注。1898年已知的几百颗小行星都在火星和木星的轨道之间运行。但是在那一年夏天，柏林的维特（Witt）发现一颗小行星在近日点时进入火星轨道里面，事实上进入地球轨道14 000 000英里。他将其命名为爱神星（Eros）。爱神星的轨道偏心率非常大，以至于在远日点其已在相当程度上处于火星轨道之外。而且，爱神星和火星的轨道像锁链一样互相交织，如果用金属丝模拟二者的轨道，两根金属丝是套在一起的。

由于爱神星轨道的倾斜度，这颗小行星似乎游离于黄道带的界限之外。当它距离地球最近时，例如1900年，有一段时间它运行至北边很远，以至于从我们中纬度地区看一直在天空不落，而且经过了天顶北边的子午线。其运动的这一特殊性无疑是其未被很快发现的原因之一。1900年至1901年冬天爱神星离地球最近，近距离仔细观察发现其亮度每个小时都有变化。仔细观察发现，这种变化是有规律的，每次变化大约持续两个半小时。在此期间，其亮度衰减程度是极其一致的。一些观测者坚持认为，每次变化其亮度都是以最低限度衰减，因此真正的变化周期是5小时。有观点认为，这种情况表明这颗行星实际由两颗星组成，二者相互绕行，或许实际上融为一体。不过似乎更有可能亮度的变化是因为这颗小行星的表面有亮区和暗区，朝向地球的半球表面上亮区和暗区的面积对比引起了亮度的变化。令人费解的是，经过几个月的观测，这颗小行星的亮度变化已经得到证实，然而这种变化却逐渐消失了。这颗小行星的构造似乎存在奥秘。

爱神星在科学的层面也是最有趣的，因为一次次距离地球那么近，可以很精确地测量出其到地球的距离，由此可以测定出其到太阳的距离以及整个太阳系的规模，而且比任何其他方法都更加准确。遗憾的是，距离地球最近的情况发生的时间间隔太长了。最捉弄人的是，1892年它曾距离地球最近，可那时它还没有被发现。那时哈佛天文台曾多次拍到它，它却都在群星包围之中被遗漏了。它的距离只有一个天文单位的16%，大约15 000 000英里，其到火星的最近距离接近40 000 000英里。未来六十多年甚至一百年的时间里距离不会再如此接近了。

1900年，爱神星距离地球不超过30 000 000英里，各种各样的天文台每天晚上联合努力利用照相技术确定其在群星之中的准确位置，目的是测定其视差。但是这颗行星很微弱，难以观测，成果如何尚不清楚。

这颗小行星光亮的变化或许是因其自转产生的，也一直有怀疑是因为爱神星旁边有其他小行星，一切仍然悬而未决。

## 知识拓展

### 近地小行星

近地小行星是指轨道与地球轨道相交的小行星，这些小行星可能有与地球相撞的危险。目前已知的直径超过1千米的近地小行星有500多颗，还未发现的估计数量超过2 000颗，这些小行星中的任何一颗一旦撞击地球，将带来毁灭性的威胁。

科学界目前有多种应对近地小行星撞击地球的防御方案，如使用激光使其表面物质向外发散从而产生反向加速度使其改变方向、用超强激光把它摧毁成对地球无威胁的小碎块，或者使用太阳能帆板或大型火箭发动机人为改变其轨道。

# 第六节　木星及其卫星

木星是一颗"巨行星"，是太阳系中仅次于太阳的最大的行星。事实上，木星的大小是所有其他行星总和的3倍之多，其质量大约是所有其他行星总和的3倍。但是它仍然比不过太阳系的中心天体，木星的质量还不到太阳质量的千分之一。如图36所示。

图36　木星

1903年9月、1904年10月、1905年11月都发生了木星冲日，而且持续此后数年，大约每一年都比前一年错后一个月。因其亮度和颜色，接近冲日时木星在夜晚的天空很容易辨认。此时，它是天空中仅次于金星的最亮的类似恒星的天体。因为它的颜色比金星白，所以很容易区别于金星。即使用最小的望远镜，甚至是一个不错的普通望远镜，都很容易看到它是一个相当大的星球，像恒星一样而非一个亮点。我们还会看到两条昏暗的带状条纹穿过圆面。两百年前惠更斯就注意到并画出了这两条带状条纹。使用倍数更高的望远镜发现，这两条看起来像带子一样的条纹像云彩一样变化多端，而且不仅每个月发生变化，甚至每天晚上都发生变化。时时刻刻仔细观察它们发现，木星的自转周期大约是9小时55分。因此，天文学家一个晚上就可以连续看到木星表面的每一个部分。

用望远镜观测木星，其呈现出的两个特征会立刻引起细心的观测者注意。其中之一是，圆面的亮度似乎不均匀，接近边缘的地方逐渐暗淡。圆面的边缘不明亮也不清晰而是有点模糊。这与月球和火星呈现出的外观形成了鲜明的对比。圆面边缘变暗有时是包裹行星的浓密的大气层引起的。只是有可能，但并不确定。

我们所说的另一个特征是，木星的圆面是椭圆形的。木星不是一个标准的球体，和地球一样其两极处扁平，而且扁平的程度更大。即使最细心的观测者从另一个行星上观测地球也看不出其有别于球形，但是如此观测木星，其与球形的差别则非常明显。这是由于其高速自转引起赤道区域向外突出，地球也是如此，只是程度较轻。

## 木星的表面

从望远镜中观察，木星的特征基本上与我们在地球大气层中所见的云彩一样变化多端。那里通常有细长的云层，其产生原因显然与地球上云层产生的原因相同，即气流。在这些云中经常可以看到白色的圆点。云有时呈淡粉色，尤其在赤道附近。在赤道南北两边的中纬度地区，云的颜色最暗也最明显。正是由于这个原因，所以用小型望远镜看到了深色的带状条纹。

木星的外观基本上在各个方面都与火星或金星有很大差别。与火星相比，最明显的差异是完全没有恒久不变的特征。经过一代又一代的观测可以绘制出火星的地图，并验证其准确性，然而由于没有恒久不变的特征，木星不可能绘制出地图之类的东西。

尽管缺乏稳定性，却也已经发现有特征持续若干年，其中或许会有稳定不变的。其中最引人注意的是大红斑，于1878年出现在南半球中纬度地区观察到的木星。大红斑持续几年一直非常清晰，很容易从颜色上辨认。如图37所示。十年之后大红斑开始暗淡，但变化不一。有时似乎完全消失了，然后又再次明亮了。这些变化一直持续，直至1892年基本上微弱得不再能看见。如果大红斑最终消失了，它是在不知不觉中消失的，甚至不知道最后一次出现的确切日期，一些眼力好的观测者仍然不时报告能够看到它。

图37　木星大红斑

# 木星的构成

这颗奇特的行星的构成仍然悬而未决。没有一种假说可以解释所有的问题，假说提出了许多观点，然而除了受到否定极少得到证实。

或许这颗行星最明显的特征是密度较小。其直径大约是地球直径的11倍。从而体积必定超过地球体积1 300倍之多。但其质量只有地球质量的300倍多一点。由此可见其密度比地球小很多；事实上，只比水的密度大⅓。简单的计算表明其表面引力是地球表面引力的2~3倍。我们很可能认为在这个巨大的引力之下，其内部受到极度压缩，其密度会相对巨大。如果它是由构成地球表面的类似固体或者液体构成的，那么情况是一定的。单单基于这一事实可以推断，其外部至少由气态物质构成。但是如何用这种构成解释红斑持续了25年之久呢？这的确是一个难题。

尽管如此，假说只需被动接受而无须做出大的修改。除了这颗行星持续变化的外观作为水蒸气的证据以外，我们还有一个来自自转规律的证据基本上是可靠的。我们发现木星和太阳有一个相似之处，其赤道位置的自转周期比中纬度以北地区的自转周期短，尽管前者的自转路线比后者更长。这可能是气态天体普遍的自转规律。据此，木星似乎在物理构成上与太阳有几分相似，这个观点与在望远镜中看到的木星外观非常吻合。目前所掌握的赤道和中纬度地区的自转周期大约相差5分钟。也就是说，赤道地区的自转周期是9小时50分钟，中纬度地区的自转周期就是9小时55分钟。这相当于二者之间的运动速度相差大约每小时200英里；表面构成若为液体似乎不可能出现这种差别。

事实上，目前尚没有适用于不同纬度的自转规律，如同太阳上出现的情况一样。如果我们接受这个我们很少观测到的结果，或许导致出现这样的结论，当我们从赤道向极点走时，这个时间差不是渐变的，而是在非常接近某一特定纬度时几乎是突然发生了5分钟的变化。但是我们不能认为这种情况除了记录在案的观测而无须更多的观测。这个问题期待进行大量而准确的科学研究。

木星和太阳的另一个相似之处是，二者都是圆面的中心比边缘更亮。亮度衰减的情况在木星上非常明显。其圆面的边缘尤其比其他任何行星都更加模糊。

二者表面在视觉上的相似度同行星的亮度相联系引发一个问题：木星自身是否发光，无论整体或部分。这个问题也需要进行科学研究。认为这颗行星自身大量发光的观点似乎受到了否定，因为卫星进入其阴影后便完全消失了。由此我们可以非常确定地说，木星发出的光不足以使我们看到卫星。我们很难认为卫星从行星获得的1%的光线和从太阳获得的1%的光线一样多。我们还发现，木星散发的光线比从太阳获得的光线还要少一点。也就是说，假设木星不比地球表面上的白色物体更亮，那么其发出的所有光线就数量而言可能都是反射的光线。不过仍然留有一个疑问，既然白点有时比木星的其他地方都要亮，那么其发出的光是否比照射在其上的光多。这也是一个科学研究仍然没有涉足的问题。

可以很好地解释所有问题的假说似乎是：木星有一个固体内核，其密度可能和地球或者任何其他固体行星的密度一样大，而其整体平均密度较小缘于包围这个固体内核的水蒸气。很有可能的是，内核温度极高，甚至接近太阳表面的温度，但是随着向上穿过大气层，温度逐渐降低，正如太阳的情况一样；据此，很有可能我们在木星表面上看到的物质都不具备足够的温度辐射可感知的热量。

总体而言，我们可以将木星形容为一个小太阳，其表面已经冷却至不再能发光。

# 木星的卫星

当伽利略第一次把他的小望远镜对准木星时，他欣喜而惊讶地发现木星有4颗很小的星星相伴。经过无数个夜晚的仔细观察，他发现这4颗小星星围绕其中心天体公转，就像行星围绕太阳公转一样，不过这个理论在当时还没有被完全接受。与太阳系的这一惊人相似是哥白尼学说的有利佐证。

这几个小星星用普通的小望远镜甚至不错的观剧望远镜就能看到。甚至有人认为视力好的话有时不用借助光学设备也能看到。可以肯定这4颗星如同最小的恒星一样明亮，用肉眼就能看到，可是木星的光芒似乎成为观测难以克服的障碍，即使对敏锐的视力也是如此。我记得阿拉哥（Arago）曾讲过一个故事，一个妇人声称能够随时看到这4颗星，甚至指出了它们的位置。但却发现她所描述的位置与其真正所在的位置相反而在木星的相反一面。后来发现或推测，她是从天文星历上找到的位置，天文星历中有这4颗星的图示，但是图片是倒置的，目的是为了可以用普通的倒相望远镜观测这几颗卫星。似乎很有可能的是，当两颗外侧的卫星恰巧几乎在同一条直线上时，因为二者光线叠加而可以看得到。

根据巴纳德的测量推断，这几颗卫星分布在直径为2 000~3 000英里的范围内。据此，它们的大小和月亮差不多。

　　至1892年，已知的卫星只有4颗；随后巴纳德用巨大的里克望远镜发现了第5颗，比另外4颗距离木星更近。这颗卫星的公转周期不到12小时，周期之短在已知的情况中仅次于离火星最近的那颗卫星。不过它的自转周期比木星稍微长一点。它外侧的那颗卫星，也就是之前发现的4颗卫星中最里面的那一颗仍然叫作木卫一，公转周期大约是1天零18.5小时，最外面那颗几乎需要17天才能完成一周公转。

　　第5颗卫星是太阳系中最难以见到的，只有用世界上几台倍数最大的望远镜才肯定能看到。其轨道偏心率非常明显。由于木星是椭圆形的，导致其有一个最显著的特点，它围绕主轴的自转周期大约是一年，于是其轨道近日点也是一年出现一次。

　　有时候会出现质疑，这些卫星是否如行星和大多数卫星一样是圆形的。一些观测者特别是巴纳德和W·H·皮克林（W.H.Pickering）注意到，当土卫一穿过木星表面时，其形状发生了奇特的变化，一度看起来像双星。但是巴纳德经过反复仔细研究发现，产生这种现象部分缘于卫星在木星上的投影有阴影变化，部分缘于卫星自身各处的阴影变化。

　　这些卫星在围绕木星公转的过程中出现了许多有趣的现象，用大小适中的望远镜就可以观测到。这是卫星的"食"（eclipses）和"凌"（transits）。当然木星像其他不透明的物体一样会投下影子。卫星围绕木星公转过程中在经过木星背面那一段时几乎永远要穿过木星的阴影。木卫四和大多数距离远的卫星有时例外，可能从阴影的上边或者下边经过，如同月亮从地球阴影的上方或下方经过。当卫星进入阴影后逐渐暗淡，最后完全从视线中消失。

　　同理，当卫星经过木星正面这一段时逐渐穿过木星视圆面。一般的规律是，当卫星刚刚进入木星视圆面时看起来比木星更亮，因为木星的边缘较暗。当卫星接近视圆面中心时看起来则比背景中的木星更暗。当然，这一现象不是因为卫星亮度的变化，而仅仅是因为木星中心区域比边缘更加明亮，这个问题已经讲过。

不过更加有趣和美丽的是卫星的影子，在这种情况下常常可以在木星上看到卫星的影子像一个黑点在卫星旁边一道穿过。

木星卫星的各种现象包括凌和它们的影子在天文星历中都有预测，因此观测者永远能够知晓何时观看食或者凌。

最早发现的4颗卫星中最里圈那颗卫星的食不到两天发生一次。根据这个现象发生的时间，一个在地球上未知地区的观测者可以断定自己所处的纬度，比其他任何方法都容易。这个观测者首先要通过某种简单的天文观测判断自己的手表与当地时间的误差，这对于天文学家和航海者都很熟悉。于是他就可以得知卫星的食发生的当地时间。比较这个当地时间和星历中预测的时间，根据在"时间与经度"一节中所讲的理论就可以得出他所处的经度。

这个方法的主要缺点是不够精确。这种观测方法得出的这种食的发生时间误差在1分钟。在赤道上，经度上的误差为15分，或者15海里。在两极地区，这个误差的影响较小，原因是纬度的聚合性。因此，这个方法对极地探险者更有价值。

# 第七节　土星及其系统

　　在所有的行星当中，土星的大小和质量仅次于木星。其围绕太阳的公转周期是29年半。当这颗行星可以看见时，观察者基本上随时都能根据其淡红色的光芒以及在太空中的位置轻易认出它来。未来几年，土星冲日将首先出现在夏季，然后出现在秋季，每年错后12或13天。从1903年8月开始，土星冲日将陆续发生在1904—1905年8月、1906—1908年9月、1909—1910年10月，以此类推。届时，每天晚上天黑以后土星将出现在东方天空或者南方天空，并且随着夜色渐深而向南移动。土星看起来很像大角星，未来几年大角星也出现在相同的季节，只不过高悬于南天或者西南天空，逐渐在西天越来越低。

　　尽管土星没有木星明亮，但是土星环使其成为太阳系中最绚丽的行星。土星环在天空中是独一无二的，没有与之相类似的，难怪其对于早期使用望远镜的观测者是一个谜。起初土星环在伽利略看来像土星的两个把手。一两年之后他却看不到光环了。现在知道出现这种情况的原因是，土星在轨道上运行时其光环侧面对着地球，因为很薄而在伽利略使用的不够完备的望远镜中看不到。土星环消失给这位托斯卡纳的学者造成了巨大的困惑，据说他唯恐自己在这项观测上产生幻觉而停止观测土星。后来他年事渐高，将继续观测的工作交给了其他人。那两个像把手的光环自然很快又出现了，但却无法知晓它们是什么。四十多年后，伟大的荷兰天文学家及物理学家惠更斯解开了这个谜团，他宣布土星四周围绕着一圈很薄的环形平面，与其本身没有任何接触，并且与黄道是倾斜的。

## 土星的卫星

除了光环，土星周围还有8颗卫星——数量比其他任何行星都多。一直怀疑存在第9颗卫星，不过仍然有待证实。这些卫星的大小以及到土星的距离都不尽相等。其中一颗名叫泰坦（Titan），用小型望远镜即可看到；其中最微弱的一颗只能用倍数非常大的望远镜才能看到。

泰坦是惠更斯在研究土星环的本质时发现的。为此还有一段小故事在惠更斯通信出版的过程中才在近期为世人所知。按照当时的惯例，这位天文学家试图保护其发现的首创地位没有将这一发现公之于众，而是隐藏在字谜中，即一串字母中，只要恰当排列读者便可领会土星伴侣的公转周期是15天。他将这个字谜寄给沃利斯（Wallis）一份，沃利斯是英国杰出的数学家。沃利斯在回信中感谢惠更斯对他的关注，并表示自己也有一些要说的，写了一串字母比惠更斯那串更长。惠更斯向沃利斯解释了自己的字谜，沃利斯立即回复了自己的谜底，令惠更斯惊讶的是谜底竟然宣布了完全相同的发现，当然语言表达不同而且更长。原来，沃利斯是一位密码专家，他破译了惠更斯的发现后想表明密码是徒劳的，并设法用自己编排的字母表述了这一发现。惠更斯并不欣赏这个玩笑。

# 土星环的变化

　　巴黎天文台始建于1666年，是路易十四统治时期重要的科研机构。在这里，卡西尼（Cassini）发现了土星环的裂缝，揭示出土星环实际上由内外两个环构成，二者在同一个平面上。其中外圈的环看起来似乎也有一个裂缝，叫做恩克环缝，是以首位发现这个裂缝的天文学家命名的，但是这个裂缝的确切本质尚不明确。可以确定的是，这个裂缝不像卡西尼环缝那样清晰可辨，只是一道淡淡的暗影。

　　卡西尼环缝将土星环分成里层和外层两个环，外层环较窄。在外层环上看到的是灰白色的恩克环缝，没有卡西尼环缝清晰也更加难以看到。内层环在内侧边缘逐渐暗淡，内侧灰白色的边界叫作"暗环"。暗环由哈佛天文台的邦德首先提出，长期被认为是单独的一个不同的环。但是仔细观察发现事实并非如此。暗环连接着其外侧的环，其外侧的环只是逐渐暗淡而成为暗环。如图38所示。

图38　土星光环详图

土星环与土星的轨道面倾斜大约27°，在土星围绕太阳公转的过程中在太空中保持相同的方向。这种情况的效果图参见下图，图39是土星轨道环绕太阳的透视图。当土星在*A*点时，太阳在土星环的北面（上方）。七年后，当土星在*B*点时，土星环与太阳侧面相对。经过*B*点后，太阳在土星环的南面（下方），太阳的倾斜角度逐渐增大直至土星到达*C*点达到最大值——27°。此后随着土星向*D*点运动，太阳的倾斜角度逐渐减小，在*D*点土星环与太阳再次侧面相对。从*D*点到*A*点和*B*点，太阳再次位于北面。

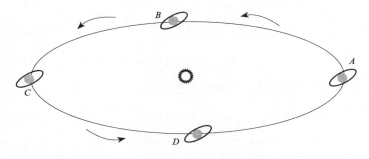

**图39　土星光环平面的方向不变**

地球距离太阳比土星近很多，以至于从地球上观测土星环与在太阳上观测土星环差不多。我们会在连续15年的时间里看到的一直是土星环的北面，而在这段时间的中期视角最宽阔。此后年复一年，视角逐渐变窄，土星环逐渐以侧面对着地球，直至看起来只是一道线穿过土星，或许可以说土星环完全消失了。随后土星环再次展开，再过15年后消失。1892年土星环消失，再次消失将发生在1907年。

了解了土星环的实际形状，便能够理解它们所呈现给我们的面貌。我们看到的土星环永远是倾斜的，角度从不大于27°。土星和土星环的总体轮廓如图40所示。观测土星环的视角较大时视野最好。此时环缝和暗环都能看到。土星在土星环上的阴影是一个深色的缺口。土星环在土星上的阴影像内环的边一样是一道穿过土星的暗线。

**图40 倾斜的土星光环**

土星环的平面经过地球和太阳之间是相当罕见的巧合，非常有趣。此时，土星环的一侧是太阳，另一侧对着地球，尽管角度无疑很小。此时观测到土星环的概率非常小，尤其是在最近几次。最近的两次发生在1877年和1892年，这一现象只持续了几天，当时土星的位置并不适合观测。尽管如此，1892年10月巴纳德在里克天文台观测到了这一现象，发现尽管能看见土星环在土星上的影子，但是完全看不见土星环。这表明土星环非常薄，即便是高倍望远镜也看不到其边缘。

# 土星环是什么

当天体运动遵循地球上的力学定律得到认可时，土星环引发了另一个难解之谜。是什么使土星环端坐其位？是什么使土星不接近内环导致"物质毁灭和世界崩溃"[引自艾迪生（Addison）的诗文而略作修改]进而毁灭整个美丽的结构？一段时间认为液态的光环可以阻止这种变故，后来表明情况并非如此。最后终于弄清土星环并不是紧密相连的一个整体，而只是微小的物体云集在一起，或许是很小的卫星，或许只是像砾石和灰尘一样的微粒，或许是一片烟雾。这个观点已经得到认可，但是长期缺乏直接的证据。最后基勒（Keeler）用光谱仪证明了这个观点。他发现，土星环的光线展现出的光谱中，深色的谱线不是径直穿过，而是发生弯曲或折断，从而表明构成土星环的物质以不同的速度围绕土星旋转。外侧边缘旋转得最慢；越往里速度越快，若有卫星围绕土星旋转，那么土星环物质每一处的速度都与该处卫星的速度相同。这个出色的发现是在宾夕法尼亚匹兹堡附近的阿勒格尼天文台观测到的。

## 土星的卫星系统

惠更斯在宣布发现卫星泰坦之时就高兴地认为太阳系至此完整了。当时发现了7颗大的行星和7颗小的卫星，二者的数字神奇般的一致。但是，在随后的三十年里卡西尼打破了这个神奇的数字，又发现了4颗卫星。此后过了一百年，伟大的赫歇尔再次发现两颗卫星。最后在1848年，邦德在哈佛天文台发现了第8颗行星。

1898年，哈佛天文台在南美拍摄的天空照片显示土星附近有一颗星，不过比已知最外层的卫星还远，似乎每天晚上都在不同的位置。这颗星是否是一颗卫星仍然不确定，因为土星在银河系无数微弱星辰的包围之中，卫星可能淹没其中。

下面是8颗卫星的列表，其中包括到土星的距离（以土星的半径计量）、公转周期及其各自的发现者：

| 编号 | 名称 | 发现者 | 发现年份 | 到土星的距离 | 公转周期 | |
|------|------|--------|----------|--------------|----------|----|
| | | | | | d. | h. |
| 土卫一 | 美马斯（Mimas） | 赫歇尔 | 1789 | 3.3 | 0 | 23 |
| 土卫二 | 恩克拉多斯（Enceledas） | 赫歇尔 | 1789 | 4.3 | 1 | 9 |
| 土卫三 | 特提斯（Tethys） | 卡西尼 | 1684 | 5.3 | 1 | 21 |
| 土卫四 | 狄俄涅（Dione） | 卡西尼 | 1684 | 6.8 | 2 | 18 |
| 土卫五 | 雷亚（Rhea） | 卡西尼 | 1672 | 9.5 | 4 | 12 |
| 土卫六 | 泰坦（Titan） | 惠更斯 | 1655 | 21.7 | 15 | 23 |
| 土卫七 | 海波龙（Hyperion） | 邦德 | 1848 | 26.8 | 21 | 7 |
| 土卫八 | 亚珀图斯（Japetus） | 卡西尼 | 1671 | 64.4 | 70 | 22 |

这个表中最值得关注的特点是卫星的距离相差非常大，以及里层4颗卫星公转周期之间的关系。里层的5颗卫星似乎形成了一个集团。这个集团与相邻的集团之间有一个间隔，距离超过最里层5颗卫星的总宽度，然后是另一个集团由两个卫星组成，分别是泰坦和海波龙。接着是一个比海波龙到土星的距离还宽的间隔，这个间隔外面是已知最外层的卫星亚珀图斯。

卫星公转周期之间也有着奇特的关系，土卫三的公转周期几乎恰是土卫一公转周期的2倍；土卫四的公转周期差不多恰好是土卫二公转周期的2倍。泰坦的4个公转周期与海波龙的3个公转周期简直完全相等。

上述最后两颗卫星之间的关系缘于二者引力奇特的相互作用。为了说明这个问题，我们画了一幅二者的轨道图，如图41所示。

其中外圈是海波龙的轨道，偏心率非常大，参见图示。假设这两颗卫星在某一时刻会合；里层较大的卫星是泰坦在$A$点，位于外层的海波龙在$a$点。65天后，泰坦将公转三周，海波龙将公转4周，这使二者再次会合，不过会合点不是恰好在上次会合的同一点，而是非常接近。此时，泰坦已到达$B$点，海波龙到达$b$点。第三次会合时，二者将在直线$Bb$上方一点点，以

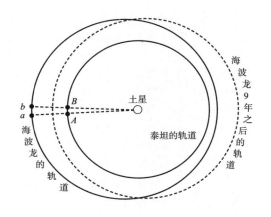

**图41　土卫六和土卫七的轨道及其相互关系**

此类推。实际上，会合点密集在一起，甚至无法在图中画出来。在19年的时间里，会合点将慢慢走完一圈，卫星将再次回到会合点*A*。

会合点缓慢圆周运动产生的影响是，海波龙的轨道，或者更确切地说是其轨道长轴也随着会合点做圆周运动，因而会合总是出现在二者轨道相距最远的地方。虚线是海波龙的轨道如何在9年的时间里做圆周运动所走的半个圈子。

这个运动的有趣之处是，就目前所知这个运动是独一无二的，太阳系中其他地方没有类似的情况。不过或许土卫一和土卫三之间以及土卫二和土卫四之间也有非常相似的相互运动。

构成土星环和卫星的物质之间的相互吸引还有一个更加引人关注的特点，所有这些天体中除了最外面的一颗卫星，其他都恰好在一个平面上。如果没有什么与太阳的引力相抵，那么几千年后，这些天体的轨道将在太阳引力的作用下分散到不同的轨道上，却与土星轨道面保持相同的倾斜度。然而由于它们之间的相互引力，其轨道面都保持在一起，仿佛牢固地依附于土星似的。

# 土星的物理结构

土星的物理结构与相邻的木星的物理结构有着明显的相似之处。其中一个相同点是，二者都因为密度小而引人关注，土星的密度甚至小于水的密度。另一个相同点是高速自转，土星的自转周期是10小时14分钟，比木星的自转周期稍微长一点。土星表面似乎也因为类似云雾而千变万化，与木星表面相似，不过相比之下更微弱，所以根本看不清楚。

据说木星密度小的可能性因素同样适用于土星。可能的原因是，土星有一个相对较小但是质量很大的内核，包围在巨大的大气层中，我们所看到的只是大气层的外表面。

与上述观点相关的一个奇特的情况是，卫星泰坦的密度远大于土星。构成泰坦的一个立方的物质是构成土星的物质的万分之一。而根据海波龙的运动推断，其质量是土星质量的¼ 300。

# 第八节　天王星及其卫星

按距离太阳远近排序，天王星是第7颗大行星。通常认为只能用望远镜才能看到天王星；其实，视力好的话无须借助任何人为手段就能轻易看到天王星，只要知道寻找它的确切方位，以便在众多外观相似的小星星中认出它。如果古代天文学家像古尔德博士（Dr.Gould）一样在建造科尔多瓦（Cordoba）天文台后日复一日地在夜晚彻底查看南天，那么他们一定会为只有7颗行星而感到失望。

1781年，威廉·赫歇尔爵士发现了天王星，起初他以为是彗星的彗核。但是这颗星的运动很快表明事实并非如此，不久赫谢尔爵士发现它是太阳系的一个新成员。为了感谢其皇家赞助人乔治三世，赫歇尔打算将这颗行星命名为"乔治星"（Georgium Sidus），这个名字在英国沿用了大约70年。欧洲大陆的一些天文学家提议应该以发现者命名，经常称其为"赫歇尔"。"天王星"这个名字最初由波德（"波德定律"的提出者）提出，一直在德国使用，到1850年才成为通用名称。

天王星的轨道测定出来后，就能画出其之前的轨迹，从而揭示出一些奇特的现象，原来前几年对天王星进行的观测和记录一百年前就已经这样做了。英国皇家天文学家弗拉姆斯蒂德（Flamsteed）在给恒星编制目录的过程中在1690—1715年期间曾5次偶然将这颗星记录为恒星。更为特别的是，巴黎天文台的莫尼埃（Lemonnier）曾经在两个月的时间里记录这颗星8次，分别是1768年12月和1769年1月。但是他却从未减少或者比较自己的观测，直到赫歇尔宣布这是一颗行星，他才意识到一项多么伟大的发现在他手中握了10年。

天王星的公转周期是84年，因此它在天空中的位置经年缓慢地发生变化。在我们这个世纪的头10年，天王星将出现在银河之中或附近，夏季和秋季在南天较低的位置可以看见。这使得肉眼很难发现。

天王星到太阳的距离是土星到太阳距离的2倍。用天文单位表示是19.2；用我们熟悉的度量是1 790 000 000英里，或2 870 000 000千米。

由于距离遥远，很难在其表面看到任何明确的特征。借助高倍望远镜，天王星看起来苍白而泛着绿色。一些观测者认为他们在其表面看到了微弱的明显特征，但这恐怕是一种错觉。我们可以肯定天王星自转；但是从未获得可见的证据，自然其自转时间也未可知。不过巴纳德的测量显示其视圆面是椭圆形的，如果事实如此，将证明自转速度非常快。

光谱仪显示，构成天王星的物质与在它和太阳之间运行的6颗行星都不相同。6颗行星中没有一颗呈现的光谱明显有别于普通太阳光的光谱。而在天王星的光线散射而成的光谱上，可见或多或少的暗淡的条纹，完全不同于普通光谱的谱线。这些条纹原本如此，还是由大量纤细到看不见的暗线组成，由于光线暗淡，这个问题尚未得出结论；不过很有可能原本就是如此。无论结果如何，光谱表明天王星反射的光线经过了一个致密的介质，其构成与地球大气层的构成有很大差异。不过仍然无法确定这个介质的性质。

# 天王星的卫星

天王星有4颗卫星在各自的轨道上围绕其旋转。外面的两颗用口径为12英寸或者更大的望远镜就能看到；里面的两颗只能用世界上倍数最高的望远镜才能看到。这两颗卫星难以观测并不是因为体积小，它们可能与另外两颗大小相仿或者更大，而是因为淹没在天王星的光芒之中。

这4颗卫星的历史有点不同寻常。除了其中两颗最亮的卫星，1800年以前赫歇尔认为他不止一次瞥见了另外4颗，因此五十多年前一度确信天王星有6颗卫星。这是因为赫歇尔的望远镜在当时是最好的。

1845年，英国人拉塞尔（Lassell）着手制作反射望远镜，制造出了两个巨型望远镜，其中一个口径为2英尺，另一个口径为4英尺。为了在地中海晴朗的天空下进行观测，此后拉塞尔把后者带到了马耳他岛。在那里，拉塞尔和他的助手对天王星展开仔细观测，最终断定赫谢尔提出的另外几颗卫星并不存在。另外，在天王星近旁新发现了两颗星，此前未曾有人看到过。在随后的20年里，用当时欧洲最好的望远镜并没有找到这两颗新发现的星，一些天文学家对二者的存在表示怀疑。但是1873年冬天，刚刚建成的口径为26英寸的华盛顿望远镜发现了这两颗星，发现二者的运动与拉塞尔的观测完全一致。

这两颗星最显著的特点是，其轨道与天王星的轨道几乎是垂直的。这种情况导致天王星的轨道上有两个相对的点，在这两个点上看到的是卫星轨道的侧面。当天王星在这两点中任何一点的附近时，从地球上看卫星的运动好似在天王星的两边以南北方向上下转动，犹如钟摆的摆锤。接着，随着天王星的移动，轨道在我们眼中慢慢展开。20年后我们又会看到它们垂直了。此时的轨道看起来几乎是圆形的，随着天王星在其轨道上继续移动经年之后轨道在我们眼中将再次合拢。上一次轨道以侧面对着地球是在1882年，下一次将出现在1924年。未来几年轨道的角度几乎是垂直的，这是观测卫星的最佳条件。

对卫星持续进行观测很有可能促使天文学家在迄今仍然悬而未决的天王星自转的问题上得出某些结论。火星、木星和土星的卫星几乎在各自所属的行星的赤道面上公转。如果天王星也是如此的话，那么天王星的赤道与它的轨道几乎是垂直的，它的北极在其轨道上的相对两点将几乎恰好指向太阳。果真是这样的话，天王星上的季节将远比地球上的季节更加分明。只有在天王星的赤道上或在其附近才能每天都看见太阳。如果在中纬度地区，将会有地球上的5年或者10年的时间太阳一直在地平线以下。然后太阳迅速向上移动，出没间带来昼夜更替，当太阳向上接近北极时将在一段时间里不落，这个时间与太阳不升起的时间相等。

所有的卫星几乎恰好在同一个平面上公转一定程度上说明了这个观点，但是不能完全证明这个观点，因为卫星之间的相互作用不可能使它们的轨道面保持在一起。但如果事实如此，如果天王星的赤道与它的轨道不重合，天王星的轨道将在100年间经历一个变化，对此我们的后继者将能够判断出。这样，即使他们的望远镜的放大倍数不足以为这个问题提供任何可见的证据，也能促使他们了解天王星的赤道和两极。

# 第九节　海王星及其卫星

就目前所知，海王星是太阳系中最外面的行星。其大小和质量与天王星差异不大，但是它距离太阳非常遥远，有30个天文单位，远远超过天王星的19.2个天文单位，这使它更加微弱更加难以观测。海王星远在肉眼可见范围之外，不过一架中型望远镜就能观测得到，只要能够从天空中遍布的众多亮度相似的恒星中辨认出来。这需要借助更加精密和复杂的天文设备。

海王星的视圆面需要借助倍数相当大的望远镜才能看清楚。它看起来泛着点蓝色或铅灰色，明显有别于天王星的海绿色。当然直接观测看不出它的自转情况。其光谱呈现出的条纹类似天王星，二者的构成似乎有可能非常相似。

1846年，海王星的发现是数理天文学举世瞩目的伟大壮举之一。它因为它对天王星施加的引力而为世人所知，当时并没有任何其他证据证明。导致这一发现的历史情况非常有趣，我们简要地说一说重点。

## 海王星的发现历史

19世纪前20年，巴黎著名的数理天文学家布瓦尔（Bouvard）准备给木星、土星和天王星绘制新的运行图，当时认为它们是太阳系最外面的三颗行星。他根据拉普拉斯（Laplace）的计算得到了这三颗行星因相互间的引力作用而产生的误差。他绘制的图与所观测到的木星和土星的运动成功吻合，但是几经努力也未能与所观测到的天王星的位置相吻合。如果他只考虑赫歇尔发现天王星以来的观测结果，还可以吻合；但与弗拉姆斯蒂德和莫尼埃早先的观测结果却完全不相吻合，在这两位的时代天王星被认为是恒星。因此他摒弃了那些以前的观测结果，使他绘制的轨道图与新的观测结果相吻合，发表了他绘制的运行图。然而很快发现天王星开始移动离开了它的计算位置，天文学家们开始思索其中的缘由。其实，标准视力的肉眼测得的误差非常小；实际上若有两颗行星，一个真实存在，一个在计算的位置上，肉眼不能把它们与一颗单独的恒星区别开。但是望远镜可以很好地区分它们。

这种情况一直持续到1845年。当时巴黎有一位年轻的数理天文学家勒维耶（Leverrier）已经在其研究领域享有盛誉，他向科学院上报的一些研究使阿拉哥看出了他的才华。阿拉哥让他关注天王星，并建议他对此进行研究。勒维耶想到误差可能是由天王星外侧一颗不为人知的行星施加的引力造成的。接着他便计算这个行星在什么样的轨道上运动会产生这个误差，于1846年夏天向科学院提交了研究结果。

巧合的是，在勒维耶开始自己的研究之前，剑桥大学的一名英国学生约翰·C·亚当斯（John C.Adams）先生也有同样的想法并着手同样的研究。他甚至在勒维耶之前得出了结论，通报给了皇家天文学会。两位都计算出了这个不为人知的行星当时的位置，因此如果能够把这颗行星与恒星区别开的话，只要在指定区域寻找就能发现这颗行星。然而遗憾的是，天文学会的艾里（Airy）对此表示怀疑，直到他注意到勒维耶的预测才意识到寻找这颗行星有多么不容易。二者的计算结果非常接近也引起了关注。

于是，寻找行星的事情继续进行。查理斯（Challis）教授在剑桥天文台对天空中指定区域的恒星进行非常彻底的观测。我必须对此稍做解释，在遍布天空的众多恒星的包围之中辨别出一颗很小的行星在当时设备不完善的情况下绝非易事，有必要对尽可能多的星星反复测量其位置，以便对比观测结果，从而判断是否其中有一颗移动了位置。

正当查理斯忙于此项工作时，勒维耶得知柏林的天文学家正在给天空绘制星图。于是他写信给柏林天文台的负责人恩克，建议他们也寻找这颗行星。恰好柏林的天文学家刚刚完成了这颗行星所在空域的星图。因此就在收到信件的当晚，他们拿着星图搜寻是否望远镜中看到的在图上有遗漏。目标很快找到了，对比它和周围恒星的位置，似乎有些许移动。但是恩克非常谨慎，要等到第二天晚上证实这个发现。届时发现目标已经移动了很多，没有什么可怀疑的了，他写信告诉勒维耶那颗行星真实存在。

当这个消息传到英国，查理斯继续查看自己的观测，发现他确已两次观测到这颗行星。但遗憾的是他没有停下来对比他的观测结果，于是直到柏林观测到目标以后他才认出这颗行星。

亚当斯的荣誉问题引起了不小的争议，在法国阿拉哥主张，根据历史上的先例亚当斯的名字甚至不应该提及，整个荣誉都应该属于勒维耶。原则上第一个发表成果的人而不是第一个行动的人应该得到荣誉。但是英国人主张，亚当斯确实先于勒维耶，即便他没有将论文发表至少也上报了公共权威机构，并且使查理斯看到了那颗行星，尽管没有认出来，因此他应该有权分享荣誉。一切皆因荣誉而起，后来的天文学家已经恰当地将这项伟大成就的荣誉共同授予二者。

# 海王星的卫星

毫无疑问全世界的天文学家都能观测到新发现的行星。于是拉塞尔先生很快发现海王星有一颗卫星。没有几个天文台观测到了这颗卫星，因为只有极少数天文台的望远镜有足够的倍数看清楚这颗卫星。其公转周期将近6天。

这颗卫星最奇特之处是，与太阳系中除天王星以外所有大行星的卫星遵循的规律相反，它的运行方向是自东向西。天王星的卫星其运动方向不能看作是自东向西，而宁可称之为南北方向。

研究海王星的自转方向与卫星的公转方向是否一致会很有趣。但却无法得出结论，因为海王星太远、其视圆面太过微弱和模糊而无法在其表面上发现任何明显的标记。事实上，如果我们想一下一颗距离地球像金星一样近的行星其自转周期从未得到准确测定，那么我们很容易明白测定海王星的自转周期前景无望。

不过尽管如此，明显有证据表明海王星高速自转。其卫星的轨道长年以非常缓慢的速度改变着位置。自从发现这颗卫星，此后50年里这个变化只有几度。只有一种情况能够解释这个现象，就是海王星类似地球和其他高速自转的行星，也是扁球体，而且赤道面与卫星的轨道面不重合。最终，天文学家可以从这个运动中了解这颗行星两极和赤道的位置，但是要经过一百年甚至几百年的观测。

## 知识拓展

### 冥王星

冥王星于1930年被美国天文学家汤博发现，主要由岩石和冰组成。当时估算错了它的质量，以为它比地球还大，于是它长期被列入"太阳系九大行星"之中。但后来发现，冥王星直径只有2 300千米左右，比月球还要小，人们又陆续发现了众多类似天体。国际天文联合会认识到冥王星仅为众多外太阳系较大冰质天体中的一员后，于2006年正式定义了行星的概念，将冥王星排除出行星范围，划定为矮行星。

# 第十节 如何丈量天空

天空中的距离使用的测量方法和工程师测量一个难以接近的物体的距离类似，比如说山峰。取两点A和B，取A点和B点之间的连线作为基线测量第三个点C的距离。工程师在A点测量B点和C点之间的角度。在B点测量A点和C点之间的角度。因为三角形的三个内角和永远等于180°，所以从中减去角A和角B之和便得到角C。显然角C对着基线，如果一个人站在C点观测也会产生这种三角关系。这个角一般叫作"视差"（parallax），是从A点和B点观察C点所产生的方向差。如图42所示。

**图42 用三角测量法测无法接近物体的距离**

显而易见，以给定的基线为基准，距离目标越远视差越小。距离远到相当的程度，视差就会小到无法测量出数据。此时直线BC和直线AC看起来方向相同。视差因为距离如此遥远而无法计算，显然基线的长度也无法精确测量。

月亮在所有天体中离地球最近，从而视差也最大。因而其到地球的距离能够测量得最为精准。甚至生活在公元一、二世纪的托勒密都测量出了月球到地球的大致距离。但是行星的视差太小了，只能用最精密的仪器进行测量。

用于测量的基线的两个端点可以是地球表面的任何两点，如格林尼治和好望角的天文台。世界各地分布着数量众多的观测站，我们已经讲过的金星凌日发生时，根据这些观测站能够推测金星在开始和结束时的方向。这个测量距离的方法叫作"三角测量"（triangulation）。

可见三角测量的概念只应用了这个数学问题的一般原理。显然地球上相距很远的两个观测者在同一时间得出的行星的方向不可能完全一致。视差在实际测量中对观测上的配合要求极为复杂就不在这本书里讲了，但基本原理是一样的。

为了得出整个太阳系的大小，只要知道任一行星在任一时刻与地球之间的距离。所有行星的轨道和运动都尽可能以最高的精度画成图，好似一个国家的地图唯独没有以英里为单位的比例尺。所以只有清楚比例尺才能在地图上测量从一地到另一地的距离。天文学家需要的正是这种太阳系的制图比例尺，然而即使用最精密的仪器仍不能测量得如他们所期望的那样准确。

问题的焦点在于比例尺的基本单位，我们已经讲过是地球到太阳的平均距离。视差绝非是测量距离的唯一方法。最近50年里已经研究出了其他方法，其中一些完全和精确测量视差得到的结果一样准确，甚至可能有过之而无不及。

## 光速测量法

这些测量方法中最简单而又最引人关注的方法是利用光速进行测量。地球在轨道上的不同点分别对木星的卫星进行观测，发现光从地球到达太阳大约需要8分20秒，或者说500秒。另一种方法利用恒星的光行差对此进行的测量更加准确。光行差是地球和恒星发出的光线同时运动使恒星的位置出现些许位移。对光行差进行精确观测得出光从地球到太阳的准确时间将近498.6秒。据此，如果已知光在一秒钟走过的距离，再乘以498.6就能够测量出地球到太阳的距离。测量光速是物理学中最难的问题之一，因为测量要在一秒钟的百万分之几的时间内进行。若对此感兴趣可以看有关这个测量方法的专门说明；目前可以说光速为每秒299 792.458千米，或者每秒186 282英里。这个结果乘以498.6便得出地球到太阳的距离为9 288万英里。

## 太阳引力测量法

第三种方法是测量太阳施加给月亮的引力。这个引力产生的一个影响是，在月亮每个月围绕地球公转的过程中，上弦时比平均位置落后两分钟多一点，满月时赶上并超过平均位置；于是下弦时又比平均位置提前两分钟。至新月时再次落后于平均位置。于是，月球围绕地球的运行有一点点摇摆。摇摆的程度与到太阳的距离成反比。因此测量出摇摆的程度，就可以推算出距离了。至于其他天文测量方法，测量难度非常大。像这样的摇摆在测量中很难不出现误差；而且，测定太阳在一定距离上造成多大程度的摇摆是天体动力学的难题之一，仍然没有得到满意的解决而得出明确的结论。

第四种方法也是借助引力。只要知道地球的质量和太阳质量之间的确切关系；也就是说，如果能够准确测量出太阳的重量是地球重量的多少倍，就能计算出地球必须距离太阳多远才能在一年之中围绕太阳公转一周。那么，唯一的困难是称量地球相对于太阳的重量。根据地球的引力所引起的金星轨道位置的变化便可最精确地得出这个重量。比较1761年、1769年、1874年和1882年发生金星凌日时金星轨道的位置，可以发现轨道处于持续运动之中，这表明太阳的质量是地球和月亮质量之和的332 600倍。由此可见，我们还可以用另外一种方法计算地球到太阳的距离。

## 太阳距离的测量结果

我们已经讲了天文学上进行这个基本测量的4种方法，为了使读者可以清楚天文学理论和测量方法所达到的精确程度，我们分别列出这些方法的测量结果。第一列是太阳的视差，这是天文学家实际使用中的数值。视差也就是在地球到太阳的距离上看地球赤道半径的角度。具体列表如下，并附上以英里为单位的距离。

措施的视差……………8.800; 距离92 908 000 英里

光速…………………8.778; 距离93 075 480 英里

月球运动……………8.784; 距离92 958 000 英里

地球质量……………8.762; 距离93 113 000 英里

　　这些测量结果之间的差别都不会大于这种极其精细且极其复杂的数学证明和天文测量所要求的误差。原理上差别很大的方法所得出的结果几乎一致，这为天文学的宇宙观的正确性提供了鲜明的依据。天文学家不允许超过100 000英里的误差，这个误差也超出了绝对必要。

# 第十一节 行星的引力与称量

　　人类的智力远没有超越相互引力作用下的天体运动的数学证明。我们已经了解了行星环绕太阳的运行轨道，但是轨道所遵循的并不是行星运动的基本法则，行星运动的基本法则只受万有引力的支配。牛顿所阐述的万有引力定律非常详尽，无须做任何补充。万有引力定律的内容是，宇宙间物质的每一个粒子都对其他所有粒子产生引力，这个力与粒子之间距离的平方成反比，这是目前已知的唯一自然法则，其产生的效力具有绝对普遍性和永恒性。自然界的所有其他进程都会因为冷和热、时间或地点、其他物体的存在与消失而以某种方式发生变化或调整。但是人类对物质的任何干预丝毫没有改变万有引力。对于两个物体，不管我们如何处置它们，不管我们在它们之间设置什么障碍，不管它们移动得多么快，二者相互吸引的力都完全相等。所有其他自然力都有进行科学研究的可能，唯独万有引力没有。哲学家试图说明万有引力，或者找到其产生的原因，但是所做的努力都是徒劳的。

　　行星的运动受到彼此之间引力的支配。即使只有一颗行星围绕太阳运动，它运动下去的动因也只是太阳的引力而非其他的力。纯粹的数学计算表明，这样的行星将走出一个椭圆，太阳在其中的一个焦点上。这颗行星将在这个椭圆上一圈又一圈地持续移动直至永远。根据万有引力定律，行星之间一定相互吸引。而这个相互的引力远小于太阳的引力，原因是太阳系中行星的质量比中央天体的质量小。这个相互的引力制约行星没有走出椭圆形。它们的轨道并非标准的椭圆形，只是非常接近椭圆形。它们的运动问题仍然是一个纯粹的数学论证问题。自牛顿以来，世界上最有才华的数学家都从事这方面的研究。每一代都研究并且发展前人的成果。牛顿之后一百年，拉普拉斯和拉格朗日（Lagrange）揭示出行星近似椭圆形的轨道逐渐改变着形状和位置。这些变化提前几千年、几万年甚至数十万年就能计算出来。因此，已知地球围绕太阳运行轨道的偏心率正在一点点减小，并且将在4万年的时间里继续减小。此后这个轨道偏心率又将增大，进而经过比4万年更长的时间将会比现在更大。所有的行星都将如此。行星的轨道在数万年的时间里一点点地反复改变着形状，正所谓"永恒的大钟以时代计，就像我们的钟表以秒计"。如果不是因为数理天文学家对于行星运动的实际预测惊人的准确，普通的读者则要怀疑对未来数千年预言的准确性。其准确性是解决了测量每个行星施加给所有其他行星运动的影响这一难题从而达到的。刚才已经说过，如果没有任何其他天体的吸引，每一颗行星都会在固定不变的椭圆形轨道上围绕太阳运行，我们可以通过假设这种情况来预测行星的运动。此时我们的预测一次又一次地出现误差，误差可以达到几分之一度；也许预测的时间长，误差甚至更大。为了形成这个误差的概念，我们可以说一度就是我们在一百码的距离上看普通窗户的宽度。此时可能预测行星在这样的窗户的一条直边上，而实际上在另一边或者在窗户的中间。

　　然而，将所有其他行星的引力考虑在内，预测就会非常准确，甚至精确的天文观测难以看出任何明显的误差。如果在远处房子的边上标记一百个点排列成一行，两点之间的距离看起来等于这些预测的平均误差，那么整行在肉眼看来就是一个点。在前面章节提到的海王星的发现历史就是这些预测准确性的明显例证。

# 如何称量行星

现在我竭力让读者了解数理天文学家是如何计算出这些了不起的结果的。显然，为了进行计算他们必须知道每一颗行星施加给其他行星的引力。这与施加引力的行星的"质量"（mass）成正比。这个词的意思是物质的数量，对于地球表面上的我们而言词义基本上等同于重量这个词。于是我们可以说，当天文学家测量出行星的质量即称量出行星的重量。这其中的原理与屠夫在弹簧秤上称量火腿的原理相同。屠夫拿起火腿就能感受到火腿对地球的引力。当他把火腿挂到秤钩上，这个引力就从他的手上传递到了秤的弹簧上。引力越大弹簧向下拉得越长。刻度显示的就是拉力的强度。这个引力其实就是地球对火腿的吸引力。根据力学定律，火腿对地球的吸引力等于地球对火腿的吸引力。所以屠夫所做的其实是想知道火腿对地球吸引力的大小或者强度，他把这个引力叫作火腿的重量。同理，天文学家求得一个天体的重量就是根据该天体对其他某个天体的吸引力的强度。

将这个原理应用于天体便立刻遇到看似无法克服的困难。因为不能到天体上去称重；那么如何测量天体的引力呢？为了回答这个问题，首先必须准确地解释物体的重量和质量之间的区别。物体的重量在世界各地都不尽相同；一个物体在纽约重30磅，在格陵兰岛用弹簧秤称量就是30磅零1盎司，在赤道至少将近31磅。这是因为地球不是标准的球体，有一点扁。因此重量因为地点而发生变化。重30磅的火腿在月球上称量引力仅为5磅，因为月球比地球小，也比地球轻。但是火腿在月球上和在地球上一样多。火腿在火星上的重量又不一样，在太阳上又会是另外一个重量，大约800磅。由此可见，天文学家不说行星的重量，因为重量取决于称重的地点；而说行星的质量，意为行星在物质上有多少，无关于在何处称量。

与此同时，我们或许认同天体的质量与其在某个地点的重量完全吻合，比如说纽约。我们无法想象行星在纽约的情形，因为行星或许比地球自身都大，所以我们所想象的是：假设一颗行星等分为一万亿份，其中一份拿到纽约并称重，很容易称出重量是多少磅或者多少吨。然后用重量乘以一万亿便得出这颗行星的重量。天文学家或许以此作为这颗行星的质量。

经过上述说明，我们来看看地球的重量是如何称量的。我们应用的原理是，比重相同的球体吸引在其表面上的小物体的力与其直径成正比。例如，直径是两英尺的物体其吸引力是直径为一英尺的物体的吸引力的2倍，直径是三英尺的物体其吸引力是直径为一英尺的物体的三倍，以此类推。那么，地球的直径大约为40 000 000英尺；其吸引力就是直径为4英尺的物体的10 000 000倍。由此可见，如果我们制作一个小的地球模型，直径为4英尺，比重为地球的平均比重，那么其对微粒的吸引力是地球吸引力的$\frac{1}{20\,000\,000}$。我们已经在本节讲述了如何在地球上实际测量这样一个模型的吸引力，根据其结果地球的全部质量是相同体积的水的质量的5.5倍。由此便可计算出地球的质量。

接着我们讲行星。我们已经讲过天体的质量或者重量根据其对其他某个天体的吸引力测量。测量方法有两种。一种是根据一颗行星对其相邻的行星的吸引力，这个吸引力导致二者偏离于没有这个引力的情况下二者将会运行的轨道。测量出偏离的差值，就能推算出引力的大小，进而计算出行星的质量。

显然，这种方法所必需的数学计算过程非常精细与复杂。有卫星的行星有一种更加简单的方法，因为根据卫星的运动能够推算出行星的引力。第一运动定律告诉我们，物体是运动的，如果不受外力的作用，将做直线运动。据此，如果我们看到一个物体做曲线运动，我们便知道这个物体在其曲线运动方向上受到一个外力的作用。从手中抛出的石头便是一个熟悉的例子。如果石头没有受到地球的吸引将一直沿着抛出的直线运动，完全脱离地球。但是在向前运动的同时因为受到地球引力的作用而不断下落，直至最终落到地面。显然，石头抛出的速度越快抛得越远，掠过的曲线轨迹越长。如果是一颗炮弹，其第一段曲线几乎是一条直线。如果在一座高山的山顶以每秒5英里的速度水平发射一颗炮弹，又如果没有空气的阻力，那么炮弹轨迹的曲度将等同于地球表面的曲度，因而永远不会落到地球上，而是如同一颗小卫星在自己的轨道上围绕地球旋转。如果这种情况可以实现，只要知道炮弹的速度，天文学家便可计算出地球的引力。月球是一颗卫星，其运行犹如这颗炮弹，在火星上通过测量月球的轨道能够推算出地球的引力，就像通过实际观测地球周围落体的运动进行推算一样。

可见，像火星和木星这样有卫星环绕的行星，地球上的天文学家能够观测到行星对其卫星产生的吸引力，据此推算出行星的质量。计算方法非常简单，即行星与卫星距离的立方除以公转时间的平方。计算得出的商与行星的质量成正比。这个计算方法也适用于月球围绕地球的运动和行星围绕太阳的运动。我们用地球到太阳距离的立方除以一年之中天数的平方，即93 000 000英里的立方除以365.25的平方，便得到一个商数。我们姑且把这个数叫作太阳商数。然后，我们用月球到地球距离的立方除以月球公转周期的平方便得到另外一个商数，可以称之为地球商数。太阳商数大约是地球商数的330 000倍。据此推断，太阳的质量是地球质量的330 000倍；这么多数量的地球才能跟太阳的重量一样。

我用这个计算说明这个原理；但绝不能认为天文学家的工作仅此而已而且只做这种简单的计算。至于月球和地球，月球的运动和到地球的距离因为太阳引力的作用而发生变化，所以二者之间的实际距离是一个变量。那么天文学家实际上是通过观察每秒敲击一次的钟摆在不同纬度上的长度来得出地球的引力。然后通过非常精妙的数学方法极其精确地计算出在地球任何已知距离上的小卫星的公转周期，由此得出地球商数。

我已经指出，必须借助卫星才能求出行星的未知商数；幸而卫星的运动因为太阳的引力而发生的改变小于月球的运动。于是我们对火星的外层卫星进行计算，得出商数是太阳商数的$\frac{1}{3\,085\,000}$。由此可得火星的质量是太阳质量的$\frac{1}{3\,085\,000}$。根据相应的商数，木星的质量约是太阳质量的$\frac{1}{1\,047}$；木星的质量是其$\frac{1}{3\,500}$；天王星的质量是其$\frac{1}{22\,700}$；海王星的质量是其$\frac{1}{19\,400}$。

我所讲述的只是天文学家研究的重要原理。万有引力定律是其全部工作的基础。这个定律的表达需要数学计算，虽经历二百年的发展仍然不尽完善。测量卫星的距离不需要在夜晚进行；而需要积年累月的耐心，但精确程度并没有达到天文学家的期望。天文学家尽其所能使工作有所进展，必定会取得满意的成果，他们一直这样努力着并取得了各种各样的成就。

# 第五章　彗星和流星体

# 第一节　彗星

彗星与我们迄今为止所研究的天体的相异之处在于其特殊的外观、轨道的偏心率以及罕见性。其构造依然成谜，但现象非常有趣。对彗星进行仔细研究后发现其具有三个特点，这三个特点并非各自独立相互区别，而是彼此融为一体。

首先肉眼所看见的是光芒或明或暗的一颗星。我们称之为彗星的"彗核"（nucleus）。

包裹彗核的是一团模糊的云状物，像雾一样，向着边缘逐渐暗淡，因此看不清边界，称之为"彗发"（coma，拉丁文头发）。彗核和彗发共称为彗头（head），看起来就像透过迷雾闪烁的星光。

从彗星延伸出来的是彗尾，程度各异。小彗星的彗尾可能短到不能再短，而大彗星的彗尾在天空中延伸出一道长长的弧线。彗头附近窄而且明亮，逐渐远离头部则变得越来越宽、越来越分散，因此总是有几分像扇形。彗尾渐渐地暗淡下来，很难说眼睛可以追踪到多远。

彗星的亮度差异巨大，尽管明亮的彗星外表绚丽，但是其绝大部分肉眼是看不到的，这样的彗星叫作"望远镜观测到的彗星"（telescopic comet）。望远镜观测到的彗星和明亮的彗星之间并没有明显的区别，亮度从最微弱的到最明亮的有一个规则的划分。有时望远镜观测到的彗星看不见彗尾；只有极其微弱的彗星才会出现这种情况。有时几乎完全没有彗头。在这种情况下只能看见一小团彗发，像稀薄的云彩，或许中心会明亮一点。

历史记录显示，100年中一般出现20~30颗肉眼可见的彗星。用望远镜扫视天空则发现彗星比预计的多到数不清。目前，勤奋的观测者每年都发现相当多的彗星。无疑，数量在很大程度上是偶然的，同时也取决于观测技巧。有时几位观测者分别发现同一颗彗星。此时，在已知的一次彗星出现时第一个准确锁定彗星的位置并且向天文台发电报通报情况的观测者便获得殊荣。

## 彗星的轨道

望远镜发明不久人们便发现彗星像行星一样在围绕太阳的轨道上运行。艾萨克·牛顿爵士指出彗星的运动受到太阳引力的支配就像行星的运动一样。二者最大的区别是，不同于行星的轨道近似圆形，彗星的轨道狭长以至于多数情况下无法判断哪里是远日点，或者轨道的远端在哪里。很多读者想准确地知道彗星轨道的基本情况和对其产生制约的法则，下面我们就来解释这个问题。

牛顿指出，物体的运动受到太阳引力的影响将永远画出圆锥曲线。这个曲线有三种：椭圆、抛物线和双曲线。众所周知第一种是首尾相连的封闭曲线。而抛物线和双曲线不是这样；二者都有两个分支无限延长。抛物线的两个分支更加接近，向远处延长时几乎方向相同，而双曲线的两个分支永远彼此分开。彗星的抛物线轨道如图43所示。

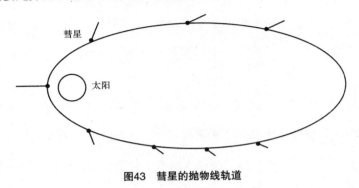

**图43　彗星的抛物线轨道**

　　记住了这些曲线，想象地球把我们留在其轨道上的某个点并且悬在空中，自己继续公转，直至一年后回来再次接上我们。在此期间，我们悬在半空中，为了消遣发射圆球使之像小行星一样围绕太阳公转。结果，所有发射出去的球其速度都小于地球的速度，也就是说，小于每秒18.6英里，其围绕太阳的运行轨道是封闭的，比地球的轨道小，而与发射方向无关。一个非常简单而奇异的规律是，如果速度相同，这些轨道的周期永远相同。所有的球以地球的速度发出去都是一年公转一周，于是在同一时刻一起回到出发点。如果速度超过每秒18.6英里，轨道则比地球的轨道大，速度越大公转周期越长。若速度超过每秒26英里，则太阳的引力无法控制圆球，圆球将会沿着双曲线的一个分支永远地飞走。这种情况与发射方向无关。因此，在相距太阳的每一段距离上都有一定的速度极限，如果彗星超过这个速度极限就会飞离太阳永远回不来；如果小于这个极限则一定会在某一时间回来。

　　离太阳越近这个速度极限越大。其与到太阳距离的平方根成反比，据此，若到太阳的距离是原来的四倍，那么速度极限只是原来的一半。计算

190

空间中任一点的速度极限所运用的法则非常简单。取行星经过圆形轨道上一点的速度，乘以2的平方根1.414。

由此可见，如果天文学家通过观察可以得出彗星经过轨道上已知一点的速度，就能推算出彗星飞离太阳的距离以及返回的周期。对彗星整个可见阶段的观测进行仔细对比，便基本上能够对这个问题得出一个明确的结论。

奇怪的是从没见过哪一颗彗星的速度明确超出我们所描述的极限。事实上，很多时候已经从观测中计算出速度略微超过极限，但是并没有大于观测这类天体可能产生的必要误差。通常速度非常接近极限时便很难说清是否超出极限。此时可以确定的是彗星将飞出极大的距离，几百年、几千年、甚或几万年也回不来。也有彗星的速度比极限小得相当多。这类公转周期非常短的彗星叫作"周期彗星"（periodic comets）。

据我们所知，绝大多数彗星的运动过程都是这样的。它们看似从很远处向着太阳坠落，我们知道不是这样的。如果彗星正对着太阳落下就会掉进太阳里面，但是这种情况从未听说发生过，而且也不可能发生，原因在后面解释。当彗星接近太阳时，它获得的速度越来越大，在很大的曲线上围绕中央天体加速飞行，由此产生的离心力使它再次飞走回到接近它来的方向上。

由于彗星很微弱，即使用高倍望远镜也只能在其轨道相对接近太阳的部分看到它们。这就是为什么在很多情况下难以推断彗星再次出现的准确周期。

# 哈雷彗星

　　天文学史上第一颗以规律的周期回归的彗星是著名的哈雷彗星（Halley's comet）。哈雷彗星出现在1682年8月，在一个月的时间里都可以观测得到，随后消失在地球的视野中。哈雷根据对这颗彗星的观测，计算出了其轨道的位置。他发现这颗彗星的轨道与1607年开普勒观测到的一颗明亮的彗星的轨道在相同的位置上。

　　似乎两颗彗星恰好运行在相同的轨道上是根本不可能的。于是哈雷断定轨道实际是椭圆形的，这颗彗星的周期大约是76年。如果事实如此，那么彗星应该在过去的76年中出现过。

　　于是他用几个年代减去这段时间从而推断彗星是否有过记载。用1607减去76是1531。他发现1531年确实出现过一颗彗星，他有理由相信这颗卫星就运行在同一个轨道上。用这一年再减去76是1456年。1456年的确出现过彗星，而且在整个基督教世界引起了恐慌，教皇加里斯都三世（Pope Calixtus Ⅲ）下令祷告以抵御彗星以及与欧洲作战的土耳其人。"教皇诏书抵御彗星"的传说有可能指的就是这件事。

　　这颗彗星在过去的历史上可能出现的记载也得以找到，但是由于缺乏对这颗彗星准确的描述，哈雷不能准确地辨认这颗彗星。不过根据四个最佳观测时间1456年、1531年、1607年和1682年，有充足的理由预测这颗彗星将在1758年再次回归太阳。克莱罗（Clairaut）是当时法国最杰出的数学家之一，他能够计算出木星和土星的活动对彗星周期产生的影响。他发现二者的活动将推迟这颗彗星的回归，使其至1759年春天才能到达近日点。这颗彗星果然根据预言出现了，并且在那一年3月12日经过近日点。

　　根据预测，下一次回归将出现在1835年。于是几位数学家便计算行星对彗星周期改变所产生的影响。他们的计算非常准确，有两个计算结果误差在五天之内：罗森伯格（Rosenberger）教授将11月11日定为彗星回归的日期，蓬特库朗（Pontecoulant）预测的日期是11月13日。彗星实际在11月16日经过近日点。对彗星的观测持续了几个月的时间，随后彗星消失不见，自此还未出现过。不过天文科学非常准确，经过必要的计算便可推定彗星的位置，天文学家可以在彗星出现的间隔期随时将望远镜准确地指向目标。

　　彗星的下一次回归现已临近，还没有计算出准确的日期，有可能是在1910年和1912年之间。[①]

# 消失的彗星

　　继哈雷宣布以他名字命名的彗星之后，1770年6月法国天文学家勒格泽尔（Lexell）发现了一颗最引人关注的彗星。不久，肉眼就看到了这颗彗星。其运行轨道一经确定便震惊了天文学家，其轨道是椭圆形的，周期只有6年。于是对其回归进行了充满信心的预测，可是这颗彗星却从未再现过。不过原因迅速就被找到了。这颗彗星6年过后回归之际位于太阳的背面，故此看不到。根据计算，此后这颗彗星继续公转的过程中必然距离木星非常近，在木星强大引力的作用下进入某个新的轨道，于是再未进入望远镜所及的范围内。这也解释了为什么从前没有见过这颗彗星。在勒格泽

---

[①] 彗星下一次经过近日点是在1910年4月，再下一次是在1986年。据预测，它下一次返回内层太阳系要等到2061年。——编者注

尔发现这颗彗星三年以前它来自木星附近，木星将它投入到与此前不同的轨道上。如此可以这么说，太阳系的这颗巨行星在1767年时给了这颗彗星一个拉力使它进入太阳附近，并且使它围绕太阳公转两圈，1779年与这颗彗星再次相遇时，再次将这颗彗星猛地推开，便没人知道它的去向了。自那时起，二三十颗已知的周期彗星中大多数都观测到两次或更多次回归，但并非全部如此。

在对彗星的研究中值得关注的一点是，它们似乎并非像行星一样无限期地存在，而是在一般情况下像生物一样发生解体和消亡。比拉彗星（Biela's comet）解体是彗星完全解体中最奇特的一例。1772年首次观测到这颗彗星，但是并不知道它是周期彗星。1805年再次观测到这颗彗星，天文学家仍然没有注意到其运行的轨道与1772年出现的彗星的轨道是一致的。1826年第三次观测到这颗彗星，这一次用改良的方法测算轨道才确认它和前两次出现的彗星是同一颗。经测定公转周期为6.67年。据此，这颗彗星应该在1832年和1839年出现。这两次地球所在的位置都无法观测到彗星。至1845年底这颗彗星再次出现，11月份和12月份都能观测到。1846年1月，当它接近地球和太阳时已经分裂成两个不同的部分。起初其中较小的一个非常微弱，不过在变得和另外一个一样大时似乎更亮了。

下一次回归是在1852年。此时两个部分分开得比之前更远了。1846年二者之间的距离大约20万英里；1852年即超过100万英里。最后一次观测到这颗卫星是在1852年9月。尽管从那以后彗星应该完成7圈公转，但是却再未看见这颗彗星。根据前几次回归就能准确地计算出这颗彗星应该出现的位置，根据其不再出现我们推测这颗彗星已经完全解体。我们将在下一节进一步了解彗星的组成物质。

有两三颗彗星都这样消失了。它们有一次或几次公转被观察到，每一次出现都变得更加暗淡更加衰弱，最终完全消失不见。

# 恩克彗星

周期彗星中有一颗以德国天文学家恩克的名字命名，恩克第一个准确地测定了这颗彗星的运动，对这颗彗星的观测最频繁而有规律。首次发现这颗彗星是在1786年，然而和通常的情况一样并没有首先测定其轨道。1795年卡罗琳·赫歇尔（Caroline Herschel）小姐再次看到这颗彗星。1805年和1818年再次观测到这颗彗星。直到最后这两次出现才准确地测定其轨道，然后其周期特征以及与前些年观测到的彗星为同一颗彗星才得到证实。

此时，恩克发现这颗彗星的周期是3年零110天，根据行星的引力略有变化，特别是木星。最近几次回归几乎每次都能在某处观测到。其上一次回归是在1901年9月。

这颗彗星之所以有名是因为恩克认为它的轨道正在逐渐缩小，或许是由于太阳周围的物质阻碍了它的运动。许多有才华的数学家在彗星回归时研究这个问题。时而出现类似恩克所发现的运动迟缓的迹象，时而又没有。因此这个问题仍然悬而未决。计算非常复杂而且有难度，事实上彗星的运动在行星的影响下非常复杂，甚至无法保证结论绝对准确。

# 木星捕捉彗星

1886—1889年发生了一件引人关注的事情，在太阳系的很多地方发现了一颗新的彗星。1889年，日内瓦的布鲁克斯（Brooks）在纽约观测到了一颗彗星，证实它在轨道上的运行周期只有7年。因为它非常明亮，那么为什么以前从没看见过呢？问题很快有了答案，因为人们发现这颗彗星曾在1886年近距离经过木星。木星的引力曾经改变了这颗彗星的轨迹使它进入现在运行的轨道。其他若干周期彗星经过木星时距离非常近，可能也是这样被带进了太阳系。

那么是否所有的周期彗星都是这种情况呢？答案必定是否定的，因为哈雷彗星没有近距离经过任何行星。恩克彗星也是如此，它经过木星时与木星轨道的距离不足以被木星的引力拉进目前它所在的轨道上。据我们所知，这些彗星一直是太阳系的成员，并非因为行星的作用。

# 彗星从哪里来

直到最近仍有一种猜想，彗星或许是从恒星之间的广阔空间进入太阳系的。这个观点似乎已经被搁置了，因为没有证据表明彗星的运动速度比它从远处飞向太阳系时所获得的速度更大，尽管这个距离远在太阳系之外，但是比起恒星的距离却小得多。后面我们将了解到太阳自身在宇宙空间也处在运动之中。即使我们假定彗星来自太阳系以外遥远的太空，我们刚刚引用的事实仍然表明它们在太阳系以外时也参与了太阳以及太阳系的运动。

　　有观点认为，彗星有自己规则的轨道，与行星轨道的不同之处是偏心率巨大，目前这个观点似乎是建立在对问题进行全面研究的基础之上。它们的公转周期一般都在数千年，有时是数万年，甚至几十万年。在这个漫长的周期中，它们飞出太阳系以外相当遥远。如果在它们回归太阳系时恰好近距离经过一颗行星，可能会发生两种情况：一种情况是，彗星受到一个额外的推力获得一个加速度将它抛到比以前更远的距离上，甚至可能远到它再也回不来了；另一种情况是，彗星速度减慢，轨道缩小。于是便有了这么多周期各异的彗星。如果彗星来自恒星分布的地方，便无法解释彗星的运动为什么不可能正对着太阳，那么彗星将掉进太阳系的中心天体。然而彗星若属于太阳系就不可能发生这种情况，因为一颗彗星在穿过太阳的轨道附近早在第一个周期就会掉进太阳，不会有机会再掉进去。

# 我们时代璀璨的彗星

　　每一位观测者最感兴趣的都是不时出现的最明亮的彗星。就我们目前所知，何时会出现这样一颗彗星完全是偶然。19世纪有五六颗所谓最大的彗星。其中最著名最明亮的一颗出现在1858年，以其发现者的名字命名为多纳蒂（Donati），多纳蒂是意大利佛罗伦萨的天文学家。这颗彗星的发现过程呈现了这颗彗星所发生的变化。首次观测到这颗彗星是在6月2日，当时却只是微弱的星云一样，在望远镜中看起来就像天空中细小的白云。但是看不到彗尾，直到8月中旬才能略微看出这朵小云彩将发展成什么样子。然后逐渐开始形成小的彗尾。9月初变成肉眼可以看到了。从那时起，它以令人惊奇的速率增长，每天晚上都越长越大、越来越醒目。它似乎在移动，但是整个一个月却没怎么动，每晚都漂浮在西天。10月10日它达到最亮。哈佛天文台的乔治·P·邦德（George P. Bond）一次又一次地仔细将它绘制成图。10月10日之后它迅速消失。它很快向南天移动，到了我们这边的地平线以下，不过南半球的观测者一直跟踪它到1859年3月。19世纪的大彗星如图44所示。

图44 19世纪的大彗星：1811年大彗星（左上）、1858年的多纳蒂彗星（右上）、1861年大彗星（左下）、1882年大彗星（右下）

在这颗彗星脱离视线之前，数学家们开始计算它的轨道。很快发现它不是在标准的抛物线上运行，而是运行在狭长的椭圆上。周期大约在1900年左右，上下不超过100年。因此，它上一次在公元前一世纪的回归肯定观测得到，但却没有记载可供辨认。也许可以期待下一次回归，那将是在38世纪或者39世纪。

有一个非常奇特的情况，1843年、1880年和1882年出现的彗星几乎运行在相同的轨道上。其中第一颗是记载中最令人难忘的彗星之一，因为它经过太阳时距离之近几乎要擦到太阳的表面。实际上，它肯定已经穿过日冕外部。它在二月底极其突然地在太阳附近出现。白天也可以看到它。异常巧合的是它出现在米勒（Miller）预言提出后不久，那个预言是说世界末日将在1843年到来。那些受到预言警告的人们把彗星视为即将降临的灾难的预兆。

4月份彗星消失，所以观测时间相当之短。随后其公转周期成为人们关注的焦点。它的轨道与抛物线没有明显差异。然而观测时间太短以至于任何对周期的估算都不那么准确。只能说这颗彗星几百年后才会回来。

令人大吃一惊的是，37年后在南半球观测到一颗彗星，并且发现它几乎运行在相同的轨道上。它迫近的最初迹象是长长的彗尾露出地平线之上。在阿根廷共和国、好望角和澳大利亚都看到了这个现象。直到2月4日才能看到彗头。它扫过太阳然后向南飞去，北半球的观测者未及看到它就消失了。

现在的问题是，这颗彗星与1843年出现的彗星是否有可能是同一颗。以前认为两颗彗星间隔很长的周期运行在相同的轨道上一定是同一颗彗星。然而对于当前的情况，认为是同一颗的猜测似乎与观测结果相矛盾。这个问题在1882年出现了第三颗彗星运行在大致相同的轨道上才得到解决。可以肯定这并不是两年多以前出现的那颗彗星的回归。于是便有了一个奇特的现象：三颗明亮的彗星以不同的周期运行在同一轨道上。或许还不止这三颗，因为1688年有一颗彗星近距离经过太阳。但是它的轨道与上述三颗彗星的轨道略有不同。

这种情况最有可能的解释似乎是，这些彗星是某个星云团的组成部分，这个星云团逐渐瓦解，其不同组成部分分别巡行各自的轨迹。结果，这些碎片将在数年里继续在几乎相同的轨道上运行。

除此以外，1859年、1860年和1881年都出现过明亮的彗星。没有人能说出我们要等多久才能看到下一颗。有可能的是，哈雷彗星在出现8年或者10年之后至少肉眼还可以看见，但是没有人能预测它看起来的亮度。

# 彗星的本质

彗星的确切本质仍不明确。大而明亮的彗星其彗核有可能是固体，虽然可能比看起来要小。关于这个问题的解释来自一次观测，就是1882年出现的那颗大彗星凌日，就像已知水星和金星有时候凌日那样，但这次观测是唯一的。遗憾的是，天文学家普遍不准备观测这个现象，因为这颗彗星只在南半球才看得到，而凌日现象只在首次发现这颗彗星后一至两周发生过。由此可见唯有好望角天文台观测到了这个天文学上最有趣的现象，而当时的观测条件极为不利。彗星迫近时，太阳即将落到桌山（Table Mountain）后面。经过仔细观察，芬利（Finlay）先生和埃尔金（Elkin）先生这两位天文学家能够持续观测这颗彗星直到它确实在太阳边缘消失。这个过程在太阳从视野中消失之前持续了15分钟。在此期间，如果彗核是固体，它应该看起来像投影在太阳上的小黑点。并没有发现类似的现象。可以断定，或者太阳光可以穿透构成彗星的物质，或者固体彗核太小而在背景里辨认不出来。遗憾的是，由于太阳高度太低以及空气条件太差，不能非常肯定彗核有多小因而看不见。不过似乎可以肯定的是，如果彗核是固体，应该比望远镜中看到的彗核还要小。

似乎有理由怀疑彗星只是陨星物质的集合，或许包括不同的物质，大小不一，小到沙粒大到有时从天而降的陨石。问题是经过彗星多次公转这些组成部分如何保持在一起。彗核近距离经过太阳时形状经常发生改变，这种情况似乎说明这个猜想或许接近事实。

彗星的光线经过光谱仪的分析，其光谱明显表明彗星的光线不只是反射太阳光。主要特征是三道明亮的条纹，这与碳氢化合物的光谱有着明显的相似之处。就事实本身而言，彗星是发光的气体，就像化学实验室里白炽的气体那样发光。情况本该如此，然而出于两个原因，整个情况却似乎是不可能的。彗星不可能热到足以发光；当它逐渐远离太阳时其光线消失殆尽。最有可能的结论似乎是，太阳光线的作用通过某种我们尚不清楚的过程导致彗星发光。

似乎可以肯定的是，构成明亮彗星的物质是不稳定的。用望远镜仔细观察明亮的彗星时，不时可以看见大量的烟雾从彗头朝着太阳的方向缓缓升起，然后扩散开来离开太阳形成彗尾。彗尾和动物的尾巴不一样不是彗星的组成部分，而是像烟囱里冒出的一道烟。

通常首次发现彗星时完全没有彗尾。靠近太阳时才开始形成彗尾。彗星离太阳越近，彗星发出的热量越大，彗尾发展得越快。所有这些都表明构成大彗星的物质有一部分是不稳定的。当这些物质被太阳的热量加热时便开始蒸发，就像水在同样的情况下一样。由此形成的蒸汽或者烟雾被太阳驱赶从而形成从彗星发出的物质流。

# 第二节　流星体

　　这本书的每一位读者一定经常看到"流星"——像恒星一样的物体，或远或近地掠过天空，然后消失了。这些物质在天文学上统称为"流星"（meteors）。它们亮度不等，不过越亮的就越罕见。一个经常在夜晚外出的人几乎不会在一年里也看不到一颗异常明亮的流星。他在一生当中会有一两次看到一颗流星照亮整个天空。

　　一年当中几乎任何一个晴朗的夜晚观测者都可以在一小时里看到三四颗以上的流星。有时候流星多到数不清，例如8月10日至15日之间可以看见比平时更多更明亮的流星。历史上有好几次流星多到使观测者感到惊奇和恐惧。1799年和1833年就出现过这种奇异的情况。特别是在1833年，非洲南方的黑人感到非常恐惧以至于那次现象的记忆一直口口相传至现在。

## 流星产生的原因

　　流星产生的原因直到19世纪初才得以知晓。现在已经很好理解了。除了太阳系中已知的天体——行星、卫星、彗星，还有掠过太空围绕太阳公转的数以百万计数不清的微粒或者物质的微小集合体，它们太小了连倍数

202

最高的望远镜也看不见。这些物体中的绝大多数很可能都没有鹅卵石甚至沙粒大。地球在围绕太阳公转的过程中不断遇到它们。与地球的运动在一条直线上的物体其速度可能高达每秒几英里；也许是10英里、20英里、30英里甚至40英里。以这样的高速遭遇大气层时，这些物体立即产生高温致使它们自身的物质溶解发出明亮的光芒，无论其多么坚固。我们所看到的便是一颗微粒穿过上层大气的稀薄地带时燃烧殆尽的过程。

当然，流星越大越坚固出现时越亮，历时越长。有时流星太大太过坚固在最终熔解殆尽之前离地球只有几英里。这时，人们在它经过的天空之下就会看见异常明亮的流星。出现这种情况时，在流星经过几分钟后会从其经过的地区传来巨大的爆炸声，好似大炮发射。这是被高速飞行压缩的空气产生的震动引起的。

在极少数情况下，彗星体量太大到达地球时没有熔解或者气化。这时便会掉下一颗所谓的陨石，这种情况一年通常会在世界上某些地方发生几次。记载中至少有一次有人因为陨石坠落而丧生。这些石头挖出以后，发现它们主要由铁构成。它们的标本保存在博物馆中，任何希望一睹其芳容的人都可以在那里对它们进行仔细观察。一些奇特的陨石标本保存在华盛顿特区的史密森学会（Smithsonian Institution）。

我们不能说流星是如何产生的，甚至关于这个问题的猜测都是危险的。在它们的表面上发现有熔化的痕迹，这便是它们穿越大气层的自然结果，据此判断其表面被加热至远远超过熔点。

# 流星雨

当代关于流星问题的最伟大的发现与已经提到的流星雨有关，流星雨发生在一年中的特定季节。最值得关注的流星雨发生在11月份，流星雨中的流星叫作"狮子座流星群"（Leonides），因为他们的视运动路线都发散自狮子座。关于这个问题的历史研究发现，这样的流星雨大约每隔一个世纪的三分之一时间发生一次，已经这样反复发生至少1 300年。最早的记述来自阿拉伯人，如下：

"599年，穆哈兰（Moharren）月最后一天，众星四射，互相乱飞似成群的蝗虫；人们惊慌失措向至高无上的神祈祷；前所未见除非神的旨意；愿祈福祉。"

对这种规模的流星雨第一次详细的记述发生在1799年11月2日。记述者是洪堡（Humboldt），当时在安第斯山脉（Andes）。他似乎将其视为非常异常的现象，而没有对起因进行严谨的科学研究。

下一次流星雨发生在1833年，这一次似乎是有史以来最值得关注的。天文学家奥尔贝斯（Olbers）据此提出流星雨的周期为34年，并预测下一次可能是在1867年，结果实际出现在1866年。1866年至1867年这次观测比以往都更加仔细，并取得了非凡的天文发现，揭示了流星和彗星的关系。要想说明这个问题，我们必须阐明流星雨的辐射点。

在流星雨期间，如果在天球上用线标出每一颗流星的轨迹，并把这些线反向延长，会发现所有的线都相交于天空中一点。对于11月份的流星，这个点在狮子座；对于8月份的流星，这个点在英仙座。这个点叫作流星雨的反射点。流星移动的路线是相同的，好似都从这个点发出，但决不要认为可以真正在这个点上看到流星；它们在开始出现之前可以在距这个点90°以内任一点上；然而一旦出现便都从这个点出发。这表明流星遭遇地球大气层的时候都在平行线上运动。辐射点就是透视法中所谓的消失点。

# 彗星和流星的关系

已经知道11月份流星的周期是33年，辐射点的确切位置也已经测定，计算这些流星的轨道便成为可能。1866年流星雨之后不久勒维耶（Leverrier）便这样做了。此时碰巧1865年12月出现一颗彗星，在1866年1月经过近日点。对这颗彗星的运动进行仔细研究后得出它的周期约为33年。奥伯尔兹（Oppolzer）计算出这颗彗星的轨道，发表时却没有注意到其与流星的轨道很相似。随后夏帕雷利发现奥伯尔兹计算出的彗星轨道和勒维耶计算出的11月流星的轨道几乎完全相同。它们太接近了，可以肯定这两个轨道是同一个。很明显，制造11月流星的物体在轨道上追随着彗星。从而可以推断，这些流星原本是彗星的组成部分，又逐渐从彗星上分离。当彗星以上一节中所描述的方式解体时，其中未完全消失的部分以微粒的形式继续围绕太阳公转，因为没有足够的引力维系而逐渐彼此分开，不过它们仍然在几乎相同的轨道上彼此相随。

8月流星也是如此。这些流星运行的轨道与1862年出现的彗星所在的轨道非常接近。这颗彗星的周期没有能够准确测定，推测是在一百年至二百年之间。

第三个受到关注的类似情况发生在1872年。我们已经讲过比拉彗星的消失。这颗彗星的轨道几乎与地球的轨道相交于地球11月末经过的一点。

根据已观测到的这颗彗星的周期，这颗彗星应该于1872年9月1日经过这个点，在地球经过同一点之前两到三个月之间。根据其他类似情况可以断定，1872年11月27日晚将出现流星雨，辐射点在仙女座。这个预测的每一个细节都应验了。这些流星就是所谓仙女座流星雨（Andromedes），现在出现极为规律。

下面讲一些令人失望的情况。1866年出现的彗星本该在1898—1900年期间再次出现，然而并没有观测到。或许是遗漏了，不是因为这颗彗星完全解体了，而是因为它恰好经过近日点，此时地球太远而看不见彗星。而更加奇怪的是，预计1899—1900年会有流星雨，然而在这两个时间都没有流星大量出现。这种情况可能的原因是，这一群流星因为行星的引力作用而偏离了原来的轨迹，这使得类似的每一颗流星的轨道都不断发生改变。

普遍认为，无数彗星以前围绕太阳运转的过程中遗弃了它们微小的碎片，这些碎片跟在轨道上就像从部队里掉队的一样，当地球遭遇一群这样的碎片时便产生了流星雨。不过仍然存有一个疑问，是否所有这些流星微粒都是彗星碎片，答案可能是否定的。埃尔金教授根据最近的流星照片推断，流星的速度有时超过上一节里讲的抛物线的极限。倘若果真如此，它们必将脱离太阳系而在无限的天空流浪。

# 黄道光

这是一种柔和而微弱的光，在太阳周围，大约蔓延至地球轨道，位于黄道面附近，如图45所示。在热带地区，任何晴朗的晚上日落后约一小时之内都可以看到。在我们所处的纬度地区，春季是最佳观测时间，此时日落后一个半小时左右总能见于西天和西南方向上，向上延伸至昴星团。这个季节之所以最适宜观测，是因为黄道光在黄道面上，而此时黄道面与地平面的角度比在其他季节大。秋季可见于黎明之前，从东方升起向南天展开。

图45　黄道光

据说大气层比我们这里清澈的地区可以整夜看到，环绕天空形成一个圆圈。如果情况如此，光线也非常微弱一般情况下看不到，而且似乎并非持续出现。

有一个相关的现象仍然是天文学上的一个谜。天空中正对太阳的地方总有一片微光，术语叫作"对日照"（Gegenschein）。这是一个德语词汇，最恰当的英文同义词是"counter-glow"。光线之微弱只在最有利的条件下才能看到。当它进入银河便淹没在银河的光辉中，同样，当月球在地平线之上时，它便淹没在月光之中。

它在每年6月和12月经过银河，因而这两个月期间看不见。在1月初或者7月初也有可能看不见。其他时间当太阳在地平线以下很远，天空非常晴朗而且看不见月亮时一定能够看得见。此时它或许看起来极为微弱，没有清晰的轮廓。观测者扫视太阳正对面可以发现它。

无疑黄道光是一群非常微小的物体反射的太阳光，这些物体或许如流星一样持续围绕太阳旋转。我们或许自然认为这也是对日照的成因，不过有一个疑问，为什么只能在太阳对面看到对日照。一直有一个观点，提出可能是地球像彗星一样有一个尾巴，对日照就是这个尾巴竖起来的样子。这不是没有可能的，但是没有证据证明其真实性。

# 光的脉冲

当前的探索以及物理学理论的发展最终可以解释很多有关地球和宇宙的神秘现象。有些现象是由日冕产生的，例如彗尾、极光、地磁及其变化、星云、对日照以及黄道光。所涉及的理论与其说是天文学问题不如说是物理学问题，笔者感到没有能力把这些理论的最新进展解释得很透彻，也不能说明其来龙去脉，因而只能点到为止。

首先讲一下光压，这个问题由麦克斯韦（Maxwell）在30年前提出，但是似乎通常被严重忽视，至少天文学家是这样。麦克斯韦从光的电磁理论推导出这个原理，表述如下：

当光束垂直照射在不透明的物体上，它对这个物体的表面产生一个压力，所取决的条件是，如果物体以光速运动，并且作用在物体上的力是持续的，那么保持压力所需要的能量等于光线所携带的能量。

这个原理还有另外一种表述：假设光线是平行的，通过任一波长的光束作用于物体表面的压力等于相应波长的光线所包含的能量。

根据这个原理和已知阳光所含有的热量和能量就能计算出光压。光压太过微弱以至于任何测量方法都检测不到。检测面临的难题是，如果实验不在真空中进行，光压将与周围空气所产生的压力混淆。然而近乎绝对的真空尚不能实现，在这样的真空里与光相比残留的空气不能产生力。我们不能进入太空做实验，也不能把物质发送到太空做实验，于是必须依靠对太空中微粒的观测得出结论。我们只能对手头已有的物质进行观测。于是，实践中有一条无法逾越的鸿沟。

另一个因素是发现有比原子更小的微粒，即所谓"粒子"（corpuscles）或者"离子"（ions），高速从炽热的物体中抛出。太阳就是这样的物体，可见必定有离子从中射出。

根据麦克斯韦的理论，解释彗尾的形成是极为简单的。在太空的真空环境中，构成彗星的物质在太阳旁边挥发，由于其膨胀不受压力的阻碍，便开始向各个方向飞散，特别是朝向太阳。这些物质冷却成为非常细小的微粒，被太阳的光线抛向远离太阳的方向。虽然彗尾产生于这样的斥力自观测以来都是显而易见的，但是直至麦克斯韦法则得到认同，由太阳产生的形成彗尾物质的斥力才得到解释。

对于我们曾提到的其他现象的解释没有这么简单和令人满意，用简短的篇幅说不清楚。所以对此感兴趣的读者必须参考专业文章和说明。①

---

① 笔者在这个问题上主要致谢 J·J·汤普森（J. J. Thompson）教授于 1901 年 8 月发表在大众科学月刊的文章，以及约翰·考克斯（John Cox）在 1902 年 1 月发表的文章。这些文章阐述了瑞典物理学家阿伦尼乌斯（Arrhenius）的研究，他似乎最为成功地解释了有关我们所提及的原理涉及的现象。

# 第六章　恒星

# 第一节　概论

考察完我们所居住的一小片宇宙，下面任想象飞往遥远的太空，那里布满数以千计的恒星。近来在这个天文学领域取得了最了不起的发现。现在我们知道，许多恒星的情况超越了人类的认知能力，即使对于威廉·赫歇尔爵士这样的观测者。当前这本小书的容量不能详细考察新近研究的广度和深度。我们所能做的就是指出恒星世界最突出的特征，就像过去和现在的观测者和研究人员所揭示出的。读者若想更加深入和广泛地了解有关恒星的最新研究方法和最新研究成果可以查阅当代科研人员近来致力于这个问题的专著。

人类早期就提出疑问："恒星是什么？"这个问题直到现在才得以解答。甚至18世纪也只是知道它们是发光的，它们的本质对于我们仍然成谜，除此以外说不出更多。现在我们可以确定恒星是巨大的球体，大小基本上是地球的几百万倍，非常炽热从而自身发光，质量巨大可以继续释放光和热，几百万年也不会冷却，具体多久还未可知。我们所说的太阳多少可用来形容绝大多数恒星。固然我们无法对它们的表面进行研究，因为即使在最高倍的望远镜中它们看起来也只是光点。不过对比太阳和其他天体，我们确信每一颗恒星都和太阳一样自转，而且在适当的距离上看起来和太阳一模一样。我们有充足的证据证明自转是所有天体的自然规律。极少数不确定恒星是否自转的情况，答案都是肯定的。

恒星在细节上有无数的差别。实际上似乎没有两颗恒星的物理结构是完全相同的，就像没有两个人的外表和性格是一样的。在关于太阳一节我们试图揭示太阳奇高的温度，远远超过地球上能够产生的高温。我们有充分的理由认为，恒星在温度上差别很大，绝大多数恒星甚至比太阳温度更高。不仅表面如此，它们巨大的内部必定更是如此。

# 恒星和星云

在遥远的太空恒星并不是唯一的天体。天空中分布着巨大的一团团极其稀薄的物质，因为外表像云彩，所以称为"星云"（nebulae）。星云的大小远远超过太阳或者恒星。只有太阳系大小的星云或许用最高倍的望远镜都看不到，而且即使用最精密的照相设备也拍摄不到，除非大于普通亮度。我们已知的星云的面积可能是整个太阳系的数百倍或者数千倍。于是，我们可以将自身发光的宇宙天体都划分为恒星或者星云。

## 知识拓展

### 黑洞

"黑洞"这个名词是美国物理学家惠勒提出的。当一颗恒星衰老时，它的热核反应耗尽了中心的燃料，能量所剩无几，不足以支撑外壳巨大的重量。所以，在外壳的重压下核心开始坍缩，最后形成体积无限小，但密度无限大的星体。一旦它的半径收缩到一定程度（小于史瓦西半径），巨大的引力就使得光也无法向外射出，黑洞便诞生了。

与别的天体相比，黑洞十分特殊：我们无法直接观察到它，只能对它的内部结构提出各种猜想。天文学家们通过探测黑洞周围吸积盘发出的强烈辐射和热量推断黑洞的存在。

# 恒星的光谱

当我们读到天文发现，通常认为是通过望远镜发现的。但是这种情况已不复存在。近年来天文学最伟大的成就是证实黑暗物体的存在，如同行星一样围绕许多恒星旋转。这些物体用任何可能制造出的望远镜都完全看不见。这样的仪器也不能说明恒星的构成。光谱仪成为进步的巨大引擎，在前面的章节已经讲过。根据前面的讲解读者会发现，通俗地说，借助光谱仪什么也"看"不到。使用光谱仪是分析光线的成分，就像化学家分析化合物的元素一样。光谱分析更加复杂，因为组成光线的成分通常不计其数。光谱分析的巨大优势在于不受距离的制约。无论对于肉眼还是望远镜，恒星距离越远越难以观测。光线的强度与距离的平方成反比，距离是原来的3倍远，光线只有原来的1/9，以此类推。然而只要来自恒星的光线足够用光谱仪分析，无论距离多远都能准确地得出相同的结果。如果化学家有可能对取自火星的矿物质进行分析，那么将和分析地球上的矿物一样简单，那么即使当光线到达光谱仪或许已经经历了数百年，也不会妨碍从中得出结论。

恒星的光谱中总是有大量的暗线穿过。这表明所有的恒星都和太阳一样周围有大气层，温度也没有其中的恒星那样高。但这并不表示大气层是冰冷的。相反，其温度或许比地球上任何熔炉的火焰都高，甚至温度较低的恒星也是如此。

仔细比较恒星的光谱总是发现几乎没有两个是完全一样的。这表明每颗恒星大气层的物理构成不同，组成成分的温度也不相同。光谱中的大量暗线与地球上已知物质所形成的谱线完全一致。这表明构成恒星的物质至少大部分与构成地球的物质相同。

这些物质中含量最多的是氢气。几乎在所有恒星中都会发现几条氢气的谱线。另一种似乎基本上遍布整个宇宙的物质是铁。还有一种是钙，即石灰的金属基质。已知这种物质大量存在于地球，其在恒星中的分布是自然界具有广泛统一性的例证。

诚然，多样性也是自然法则。除了已知物质的谱线，许多恒星还出现了与已知元素不一致的谱线。这种情况在所谓猎户座恒星中尤为突出，因为其中许多发现于猎户座。这些恒星大多为白色，甚至是蓝色，所呈现出的大量纤细的暗线某种程度是猎户座恒星所共有的，但并非产生于已知化学元素。据此我们有理由相信，恒星中存在我们未知的化学元素。

一个非常奇特的情况是，有一种元素首先在太阳和恒星上引起关注。对太阳光谱的研究开始一段时间后，发现其中某些清晰的谱线不是产生于当时已知的物质。但是持续研究发现这个物质存在于挪威的钇铀矿中，或许地球上其他地方也有，因为其存在于太阳从而得名氦。一经发现许多恒星都有氦存在就做出了氦的光谱，此类恒星也因为氦的存在而叫作"氦星"。

# 恒星的密度和温度

有很多情况能够得知恒星的密度，或者通俗地说比重。很明显，几乎所有恒星的密度都比普通的固体或者液体小；通常不会大于空气的密度，有时甚至更小。尽管太阳的密度很小，但它似乎是个例外，可能只有很少的恒星和太阳的密度一样。这为这些天体的高温提供了一个证据，所有暴露于如此高温的液体和固体都将汽化，如同水置于火上沸腾而成为水蒸气。我们有理由相信恒星大部分由这种炽热的蒸汽构成，或许外面包裹着温度更低的表面。有可能许多恒星实质上是个气泡，但是这种猜测远未得到证实。

恒星和太阳一样一定是内部温度比表面高。仅从表面就能辐射热量；故此表面逐渐冷却，如果构成恒星的物质是静止的，那么温度将迅速降低从而形成硬壳，就像一团熔融的铁因为表面温度降低而形成硬壳一样。唯一可以避免这种情况的是，当表层冷却时由此获得的巨大密度使其沉入下面沸腾的物质中，下面沸腾的物质升起取而代之，冷却后再下沉。如此，在内部和表面之间物质持续更替，很像在沸水壶中底部的水不断升到上面，上面的水不断沉到下面。

据此可知，恒星一定不能小于一个极限。如果恒星不比月亮大，那么几千年后表面将冷却形成一层硬壳。这将阻止炽热的物质上升到表面，恒星将很快停止发光。几乎可以肯定大多数恒星据估算已存在数百万年，由此可见它们一定非常巨大，热量消耗数百万年也没有在表面形成冷却的硬壳。

我们已经说过，太阳在恒星中温度较低，体积也较小。这两方面在

216

一起非常吻合。恒星越小冷却得越迅速，就像一杯水比满满一壶水冷却得要快。

　　光谱仪发现每一颗恒星可能都是有寿命的。恒星一开始是星云，久而久之慢慢凝聚成为炽热的蓝色恒星。恒星继续凝聚，进而变得更加炽热，直至温度达到最高。然后恒星开始冷却，变成白色、黄色以至红色，光谱中的谱线也变得更深、数量更多。最后，恒星的光线逐渐消失，就像燃料供给耗尽时火光摇曳逐渐熄灭，于是恒星变成一个不发光也不透明的物体——恒星的生命完结。恒星的质量越大，寿命越长。可见，我们观测到的恒星似乎处于各个阶段，从早期的星云到暮年正在衰竭的恒星，不一而足。

# 第二节  天空概观

无论对于旁观者还是对于天文专业的学生，天空中最美妙的就是银河。它看起来宛如一个腰带横跨在天空，也许实际上横跨整个恒星世界，将恒星统一在一个体系中，成为一个"巨大的整体"。除5月份外，一年中每天晚上都可以在某个适当的时刻看见银河。银河在5月份的傍晚环绕地平线，因而透过大气层看不见。当然，即便此时在东方和东北方向深夜里也能看见。

用最小的望远镜观测银河，看到的是巨大的恒星集合，恒星距离地球遥远因而微弱得单独看不见。仔细观察，甚至用肉眼也能看出这些恒星沿着整个银河分布并不均匀，而是常常聚集成很大一群或一团，其间有相对空白的空间。这种情况在夏季和秋季见于南天的一段银河尤其明显。

宇宙中恒星明显四处分布密度不均，银河周围较多，离开银河一带数量逐渐减少。最亮的恒星如此，较微弱的恒星更是如此。银河的两极是天空中与银河的每一点成90°的两个点。想象一个人手里拿一根杆子，与银河成直角，杆子的两端即指向所说的两极。就恒星的密度而言，在银河两极附近直径为1°的圆圈里，用小型望远镜通常会看到两到三颗恒星。在银河里，这样的圆圈可以容纳8颗、10颗甚或15至20颗这样的恒星。

# 恒星的亮度

人们仰望天空都能发现恒星的亮度差异巨大，天文学术语叫作星等。与人类类似，极少数恒星亮度远远超过同类，更多的次之，恒星越小数量越多。古代天文学家把那些肉眼可见的恒星分为六个星等。天空中大约20颗最亮的恒星为一等星。亮度次之的40颗称为二等星；三等星数量更多，以此类推至六等星，六等星包括最好的视力在晴朗的天空下能够看到的最微弱的恒星。

现代天文学家把这个系统应用于用望远镜看到的恒星。那些比肉眼可见的最小恒星暗1度的恒星叫作七等星，亮度其次的叫作八等星，以此类推。用最大的望远镜看到或者拍摄到的最微弱的恒星大概是50等星、60等星或者70等星。

读者当然理解恒星的星等并不表示其真正的亮度，因为发光物体离我们越近看起来越亮。无论恒星有多亮，距离足够远便微弱得看不见了。天空中最小的恒星若距离地球足够近也会像一等星一样亮。

以前认为不同恒星的实际亮度几乎相同，而其中一些看起来比其他更亮只是因为距离地球更近。现在已知情况并非如此。对恒星距离的估算表明，距离地球最近的恒星中有许多肉眼完全看不见，而一等星中有一些距离地球非常远，远到甚至无法测量。最亮的恒星释放的光线大约是最小的恒星的数十万倍。

# 恒星的数量

天空中普通视力可见的恒星其数量在5 000颗至6 000颗之间，但是大多数眼睛看到的甚至少于5 000颗。当然只有半数恒星同时在地平线之上，这半数当中有很多离地平线太近而因为这个方向上的大气层太厚从而变得模糊不清。普通的良好视力在晴朗的夜晚能够很容易看到的恒星数量大概在1 500至2 000之间。肉眼可见的恒星叫作"亮星"（lucid stars），用以区别只有借助望远镜才能看见的恒星。

即使是估算用望远镜看到的恒星的总数也是不可能的。通常认为用大型望远镜能够看到50 000 000~100 000 000颗恒星，现在用专门设计的望远镜使拍摄到比任何望远镜能够看到的最小恒星更微弱的恒星成为可能。当我们的目光投向亮度越来越微弱的恒星，发现其数量越来越庞大。所有恒星一定数以亿计。

事实上，我们有理由推断，由于恒星距离地球遥远，绝大多数恒星用我们所能制造出的倍数最高的望远镜也看不见。绝大多数恒星的距离使得只有其中最亮的恒星才能为我们所知。

无处不在的微小恒星在天空中到处集结成群。肉眼看得见其中一些星群。那些在银河之中或者银河附近的星群时常包含数以百计甚至数以千计只能用望远镜看到的小恒星。

恒星在颜色上彼此区别，尽管不像地球上的物体那样明显。最随意的观测者也不会注意不到泛着蓝色光芒的天琴座和略带红色光芒的大角星之间的差别。恒星的颜色似乎有规律地从蓝色到黄色再到红色逐渐变化。恒星光谱的差别与这些不同的颜色有关。普遍的规律是，恒星的颜色越红，在光谱中绿色和蓝色部分看到的暗线越多、越密集。

# 星座

　　对天空稍微仔细观察便会发现，恒星在天空的分布不是均匀的，而是多少有集合成星座的倾向。明亮的恒星尤其如此。可是星座之间没有明显的分界线，即我们无法画一条线准确表明一个星座起始于哪里。尽管如此，古代就对星座进行了划分，天文学家一直沿用至今。

　　没有人知道最初是谁绘制出了星座图。星座的历史最早可以追溯至中国的星群——恒星的集合，比我们所谓的星座小。我们所知的星座始于托勒密，他生活在公元2世纪。他使用的名字沿用至今。其中许多名字是希腊神话中天神、女神和英雄的名字，如柏修斯[①]、安德罗米达[②]、克普斯[③]、赫拉克勒斯[④]，等等。鉴于此，星座似乎有可能是在英雄时代期间或者之后命名的。

　　如今在古老的星座之间创造出或者画出了许多新的星座。尤其是在南半球，古希腊对此处不完全了解。

---

① 英仙座。——译者注
② 仙女座。——译者注
③ 仙王座。——译者注
④ 武仙座。——译者注

# 第三节　星座概述

本节旨在帮助读者认识主要星座，了解在哪里寻找行星。寻找星座有些复杂，原因是受到地球双重运动的影响——自转和公转。地球自转导致星座的视位置彻夜发生改变，公转导致在不同的季节看到不同的星座。

我们在前面的章节中解释过，后一种情况如何在地球公转的影响下相对于我们在星座中每年循环。那么，如果恒星在太阳东边，我们会看到它每天距离太阳越来越近。如果我们留意，在每天晚上同一时刻会发现它向西移动越来越远。这种变化导致它每天的出没时间一定比前一天早。更加准确地说，同一颗恒星两次出没的间隔时间是23小时56分4.5秒。一年之中太阳升起365次，而恒星升起366次。因此，后者一年之中昼夜每小时都升起。

天文学家为避免因为这个因素发生混淆而使用恒星时，即根据恒星测定的时间。正如已经讲过的，恒星日是恒星连续两次经过子午线之间的时间间隔，比我们普通一日少3分56秒。恒星日分成24恒星小时，每一小时又分成恒星分钟和恒星秒。恒星钟每天比普通钟表快3分56秒，从而全年在恒星相同的位置显示相同的时间。

了解恒星时会便于追踪恒星。其法则如下：月份数乘2，得数是晚上6

点的恒星时。7点钟则晚一小时，8点钟晚两小时，以此类推。

　　举例说明，假设一个人在11月份晚上9点钟观测天空。11月份乘2便是22，加上3是25，从中减去24，所得的结果1就是恒星时。由此得到的时间其误差通常不会大于1小时，除非在一个月的第1周或者前10天，此时误差可能是1小时或者更大。随后误差可能减少1小时。

　　将这个法则应用在1月份，晚上9点的恒星时是5时。但是在月初，晚上9点的恒星时是4时而不是5时。

　　恒星时为0时，二分圈在子午线上；恒星时为6时，二至圈在子午线上，以此类推。

# 北天星座

　　运用这个初步解说接下来研究星座。假设读者在美国所处的纬度上某个地方。那么主要的北天星座不会落下，一年中每天晚上全部时间或者部分时间都会看到。于是，研究就从它们开始。

　　这些星座的图就是本书第一章中图2。为了看清楚它们是如何出现的可将月份停在上面；于是便有了晚上8点的位置。每过1小时按箭头方向转动一点。例如，7月份10点钟，就这样将8月份置于上面。上面的罗马数字是恒星时，这样就没有了计算的麻烦。

　　首先找到"大熊座"（Ursa Major），通常称为北斗七星，如图46所示，比起熊，这个星座更像勺子这个器具。大概除了秋季其余时间都能看见这个星座，秋季时如果是在大南方，这个星座或许多少在北地平线以下。注意形成斗碗外侧的两颗星。它们叫作"指极星"，因为它们指向北极星，如图2中的虚线所示。图中央那颗星就是北极星。

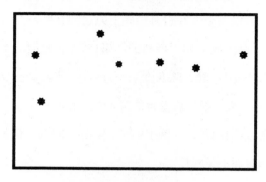

**图46　大熊座（北斗七星）**

北极星属于"小熊座"（Ursa Minor），如图47所示。在距北极16°的位置可以找到另一颗恒星，它和北极星一样明亮，只是颜色更红一点。这颗星就是北极二。

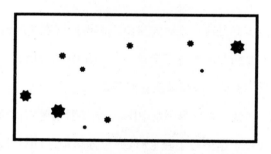

**图47　小熊座**

看不见指极星时，如果知道正北方向依然很容易找到北极星，因为它几乎在天顶和北地平线的中点，如果在大南方则离北地平线更近。北极星很容易与相邻的北极二相区别，北极星颜色更白，相比之下北极二有点发红，或者有点昏暗。

在北极的另一边，和大熊座相等的距离上是"仙后座"（Cassiopeia），坐在椅子上的夫人。椅子的靠背非常弯曲，凹陷处放一个靠垫就舒服了，如图48所示。

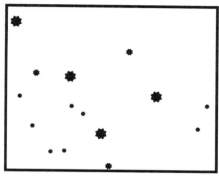

图48　仙后座

北极周围还有其他几个星座，但是它们几乎没有明亮的恒星，也没有我们提到的那些星座有趣。天龙座（Draco）便是其中之一，它盘绕在大熊座和小熊座之间，靠近8月天顶。

# 秋季星座

天顶星座和南天星座随季节而变换。我们从恒星时0时的天球区域开始，这种情况出现在10月份10点钟、11月份8点钟和12月份6点钟。

首先想象二分圈。它经北极点向上靠近仙后座最西侧那颗明亮的恒星，然后向南经过飞马座正方形东侧那条边。后者在天空中容易辨认的明显标志是由四颗二等星或者三等星组成的。这个正方形一边是15°。

正方形东北角的东北方是"仙女座大星云"（Great Nebula of Andromeda）。它用肉眼清晰可见，看起来是一片轮廓不清的白色光斑，用望远镜看是纤细的。

银河此时横跨天空像一个略微倾斜的拱形，矗立在地平线的东西两侧，其顶部在天顶偏北，位于仙后座中。从仙后座沿着银河向东，首先是位于银河之中的英仙座（Perseus）。这个星座中最亮的恒星是天船三，是一颗二等星。

天船三东面是一片像云彩一样的白色光斑。用小型望远镜甚至很好的野外镜可以看到这片光斑是小恒星的集合。这是英仙座大星云，在星座图中形成了英雄宝剑的剑柄。

向南（或者东南正如星座现在的位置）有三颗恒星排成一行。其中中间最亮的一颗是奇妙的变星，叫作大陵五，它的变化将在后面讲解。这颗星也叫作天船三。

英仙座下面最大的星座是御夫座（Auriga）。它的标志是五车二，即摩羯，这是一颗一等星，是此时地平线之上最亮的恒星之一——实际上，是天空中最亮的四五颗恒星之一。此外御夫座没有其他醒目的恒星。

东南是毕宿五（Aldebaran）和昴星团（Pleiades），二者将在后面讲解。与此同时，沿着银河从天顶向西考察。

仙后座西面第一个明亮恒星的集合此时是天鹅座（Cygnus），位于银河中央。五颗恒星排列成类似十字的形状，代表这只鸟的身体、脖子、和展开的翅膀。这个星座中最亮的恒星是天津四，接近一等星，但不完全是。

天鹅座右下方，在银河外面一点是天琴座，其标志是美丽又非常明亮的蓝色恒星——织女星。天琴座没有比三等星更亮的恒星，不过仔细研究都有价值。

图49中，织女星左侧的恒星叫作织女二。敏锐的目光经过仔细观察会发现这颗恒星实际上由两部分组成，二者紧挨在一起不易分辨。用观戏望远镜更容易看清。不过最奇特的是，用望远镜观察这两颗恒星会发现每一颗都是双星，因此织女二实际上由四颗恒星组成。

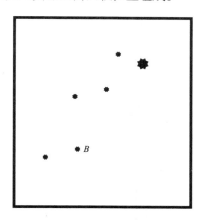

图49　天琴座的竖琴

另一颗恒星像织女二一样靠近织女星，位于平行四边形或者拉长的菱形一角，这个菱形向织女星南边延伸。在菱形远端的钝角是渐台二，图中标为*B*，这是一颗奇异的变星，其左边是γ（伽马）。渐台二的变化规律将在下一节讲解。

天琴座的右边，位于银河之中是天鹰座（Aquila）。这个星座也将在后面讲解。

西侧下方的其他星座将在后面讲解。当前我们快速浏览黄道带的星座。

如果黄道画在天上，此刻我们会看到它升至地平线东端以北，在南面经过中天，此处它以很小的角度穿过赤道，随后向西到达西面地平线西南23°。此时我们假设人马座基本上在西地平线以下。摩羯座（Capricornus）、宝瓶座（Aquarius）和双鱼座（Pisces）占据了到子午线的空间。这些星座中的恒星大部分都很微弱，几乎没有超过三等星的。

到达子午线，我们看到飞马正方形在黄道带之上，在天顶南面不远。飞马正方形东边是白羊座。其中三颗主要恒星分别为二等星、三等星和四等星，构成一个钝角三角形。最亮的一颗是娄宿三。

两千年前，这个星座是黄道带的首要标志，二分点刚好在娄宿三下面，正如在讲到二分点的岁差时说明的。

飞马正方形东南是范围很大的鲸鱼座（Cetus）。其中最亮的两颗恒星是 α 和 β，都是二等星。后者几乎在飞马正方形东南那颗恒星的下面，茕茕孑立，形影相吊。α 在东边更远一点。α 西边偏南是鲸鱼座中一颗奇特的恒星，叫作蒭藁增二，肉眼通常看不见它，每年只有一两个月除外，此时它可达到四等星、三等星，经常是二等星。

鲸鱼座偏西南很低的位置上是北落师门，接近一等星，是双鱼座南面南鱼座的一颗恒星。

## 冬季星座

我们要讲的下一个恒星的区域在上一个之后6小时；即11月份上午2点和2月份下午8点。在这6小时间隔期间，银河的另一段在东方升起，向南移动。此刻银河几乎经过天顶，停留在地平线上南北两端附近。

在银河附近、子午线东边可以看到金牛座（Taurus），其中最亮的恒星是毕宿五，如图50所示，在神话图片中是牛的眼睛。毕宿五是红色的，

228

因此很容易辨认。它位于V形的毕星团（Hyades）一个分支的末端。注意牛
的一条腿中间是一对美丽的恒星。

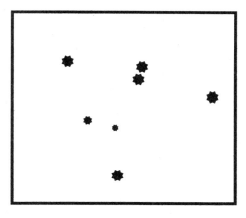

图50　毕星团

银河附近是天空中最著名的"昴星团"（Pleiades），如图51所示，或
称"七姊妹星团"。普通肉眼只能看到6颗恒星，不过视力好的话其他5颗
也能看见，总共11颗恒星。由此可见，"七姊妹星团"这个名称是不准确

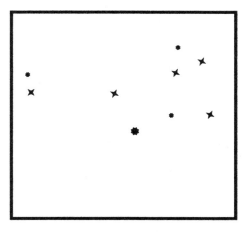

图51　肉眼看到的昴宿星

的；据说原因是古时候原本是7颗，但是有一颗消失了。这颗"消失的昴团星"或许是个谜，因为我们没有发现有恒星永久地消失了。用望远镜我们发现这个星团容纳有大量非常小的恒星，正如我们在给定的望远镜视野中看到的那样，如图52所示。

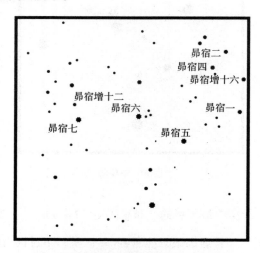

**图52　望远镜视野下昴星团中明亮的星星**

这个星团的中央恒星亦即最亮的恒星叫作"昴宿六"（Alcyone），梅德勒（Maedler）猜测其是宇宙的中央恒星。但是这个说法是毫无根据的。

金牛座的东边靠近天顶是"双子座"（Gemini），其标志是两颗接近一等星的恒星，分别是北河二和北河三。后者是最北的一颗恒星，也是二者之中稍微亮一点的那颗。

另一个黄道星座是"巨蟹座"（Cancer），但是它没有引人注目的恒星。其最值得注意的是"鬼星团"（Praesepe），一个恒星团，其中的恒星单独一颗肉眼看不见，集中在一起看起来像一片小光斑。最小的望远镜可以看见其中十几颗恒星。

狮子座也在东方靠近天顶。它可以通过轩辕十四以及一串恒星形成镰刀形状来辨认，其中轩辕十四是手柄，这颗恒星接近一等星。

此刻南天有天空中最明亮的星座，即美丽的"猎户座"（Orion），如图53所示。三颗二等星排成一行形成武士的腰带，对于观测天空的人从小就非常熟悉。在这三颗恒星下面垂下另外一列三颗恒星，最上面的一颗非常微弱。中间的一颗模糊不清，实际上根本不是恒星，而是天空中最壮观的景象之一——猎户座大星云。只用小望远镜就能看到它的特征，而用大望远镜则能看到它的壮观景象。

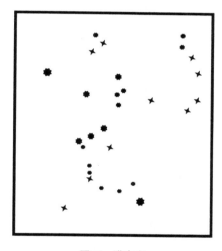

**图53　猎户座**

四颗恒星代表星座的四个角。最上面两颗中较亮的一颗叫作参宿四，是淡红色的。在相对的一角是参宿七，是蓝色的一等星。上边的两颗恒星在人形的肩膀上。二者中间以及上方是小恒星构成的三角形，形成头部。

猎户座的东边是"小犬座"（Canis Minor），拥有南河三，是一颗一等星。在它下面猎户座东南方是另一个明亮的恒星集合，组成"大犬座"

（Canis Major），拥有天狼星，是天空中最明亮的恒星。

# 春季星座

天球的第三个区域在恒星时12时，出现在2月份上午2点；5月份下午8点。此时天琴座已在东北方向升起，五车二在西北方向上向下移动。除非在天气非常晴朗的情况下才能看见银河。此时会看见银河环绕着北地平线和西地平线。轩辕十四已经过子午线，猎户座和大犬座已经落下，或者在西南方向很低的位置。

位于天空中央、天顶东南是大角星，它颜色昏黄，却是最明亮的一等星之一。

大角星东边（此刻在它下面）是"北冕座"（Corona Borealis），如图54所示。恒星组成了美丽的半圆形，其中最明亮的恒星是二等星。

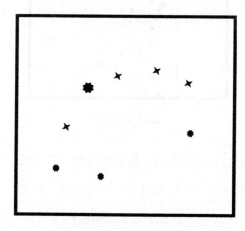

图54　北冕座

靠近天顶的是"后发座"（Coma Berenices），是一个微弱恒星的集合，其中大部分是五等星。从狮子座向东南方向穿过子午线是"处女座"（Virgo），唯一引人注目的是角宿一，一颗白色的恒星，接近一等星。"天秤座"（Libra）在处女座以东或东南，没有醒目的恒星。

## 夏季星座

天球的第四个区域在恒星时8时，出现在5月份上午2点；8月份下午8点。此时五车二已经落下，天琴座靠近天顶，仙后座在东北方，银河最壮观的部分在子午线附近。我们已经讲了天琴座以北银河附近的所有星座；现在我们沿着银河向南考察。

此时能看到银河最值得关注的特征之一大分叉，即银河分成两个分支。分叉可追踪至天鹅座，分叉从此处开始，经过天琴座没到南地平线。此处我们看到"天鹰座"（Aquila），如图55所示，位于银河裂缝处，标志是牛郎星，是一颗一等星。它在一颗三等星和一颗四等星之间的直线上。

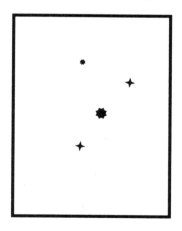

图55　天鹰座

此处，银河最西边的分支似乎分开得很远并且似乎终止了，然而天气晴朗的时候会看到它又开始接近地平线。

天鹰座东边是一个很小但非常美丽的星座，其学名叫作"海豚座"（Delphinus），如图56所示，俗称约伯的棺材。

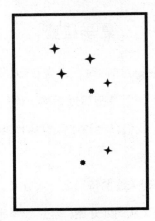

图56　海豚座

天琴座和美丽的北冕座之间，此时天顶西边某处是范围很大的"武仙座"（Hercules）。其中最明亮的恒星是α，不及二等星，以其红色和侯星而为人所知，侯星是一颗白色的恒星，在东边稍远。这个星座中最引人注目的是"武仙座大星云"，如图57所示，肉眼看起来是非常微弱的光斑，用望远镜看则是恒星的集合。

靠近地平线西南方向上是黄道带星座"天蝎座"（Scorpius），如图58所示。其西侧边缘是一串曲线排列的恒星形成这个动物的钳子；这串恒星的东边是心宿二，颜色淡红，接近一等星。

图57　武仙座球状星云

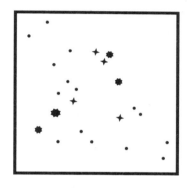

图58　天蝎座

　　银河之中正南、天蝎座东边是人马座，其中都是二等星和三等星。射手的弓和箭很容易想象。

　　再往东是摩羯座和宝瓶座，都已经讲过。前者之中最亮的恒星旁边有一颗星距离很近，视力还不坏的话这便是辨认的标志。

# 第四节　恒星的距离

　　测量天空距离的原理在本书中如何测量天空一节中已经讲过。对于月亮的距离和较近的行星的距离，我们用地球的半径或者地球表面上两个观测点的连线作为测量基线。但是这对于测量非常遥远的距离，即便是最近的恒星的距离也着实是太短了。为此，我们把地球轨道全直径作为基线。随着地球从轨道的一边移动到另一边，恒星一定看起来向反方向略微移动。但是这个运动几乎小到无法测量。要想得出足够准确的测量结果只能对恒星进行比较，方法如下：

　　图59中左侧小圆圈代表地球的轨道，S代表恒星，假设与我们距离很近，我们想测量恒星的距离。几乎彼此平行的虚线表示距离在几倍开外的恒星T的方向。当地球在其轨道的一边，即P点，我们测量那个很小的角SPT，在我们看来是这个角把两颗恒星分开。当地球移动到对面时，显而易见相应的角SQT大一些。我们再测量这个角。

**图59　恒星视差测量**

　　已知最远恒星的距离，应用三角方法，根据两个角度之差便可计算出最近恒星的距离。实际上我们只能假设恒星 $T$ 无限远，于是虚线是平行的。此时根据两个角的测量之差便可计算出地球轨道半径所对应的角，正如从恒星 $S$ 所看到的一样。天文学家在计算中惯于使用这个角度，而不是恒星的距离。这个角度叫作恒星的"视差"（Parallax）。如果想求出恒星的距离，要用206 265除以恒星的视差，视差用1秒的小数表示。这样求出的距离以地球轨道的半径为测量单位。1秒是直径为1英寸的物体在206 265英寸远所对应的角，这个距离超过3英里。当然，肉眼完全看不见这个角。

　　可见，这个测量方法意味着已知两颗恒星中哪一颗更近；实际上已知较远的恒星几乎无限远。那么这个原理是如何推导出来的，如何选择距离更近的恒星呢？用最精密的仪器所进行的最仔细的测量表明，巨大的用望远镜看到的恒星其相对位置没有一丁点变化，年复一年犹如固定在天球上一样原地不动。不过偶尔也会发现例外。非常明亮的恒星大概比微弱的恒星距离我们更近，一旦恒星出现任何位移，天文学家都可以进行测量并计算出其视差。

　　根据目前的测定结果，距离我们最近的恒星是南半球的半人马座 α，接近一等星。这颗恒星的视差是0.76弧秒。根据上述法则，它的距离几乎是太阳距离的275 000倍。这样的距离一再超出我们的想象力。通过其自身光线反射我们可以对这个距离有一个大致概念，以我们已经讲过的光速行进，从这颗恒星到地球需要四年多时间。我们所看到的这颗恒星不是当前的，而是四年前的。在这样的距离上，不仅地球轨道本身消失为一点，就连海王星大小的球体也几乎仅为肉眼可见的最小点。

　　距离居第二位的恒星比半人马座 α 远出一半的距离，还有大约六颗恒星的距离是半人马座 α 的三到四倍。总共有大约一百颗恒星的视差得到大体准确的测量；即便如此，视差有时太小而不能确定其客观性。可能只有大约五十颗恒星的距离不超过半人马座 α 距离的七倍。对于视差太小而无法测量的恒星，其距离不能计算只能进行判断。似乎有一种可能，至少更加明亮的恒星在太空中的分布大体上是均匀的。倘若情况果真如此，许多用望远镜观测到的微弱的恒星，或许在天空照片中发现的绝大多数最小的恒星的距离肯定是半人马座 α 距离的一千多倍。那么使它们为我们所见的光线在人类历史的整个过程中一定一直在前往太阳系的路上。

# 第五节　恒星的运动

如果被问及人类智慧的最大发现是什么，我会说是下面这个：

在整个人类历史期间，不，是在我们所发现的人类历史期间，从早期开始，太阳系——太阳、行星和卫星——就一直以地球上所没有的速度穿越太空飞向天琴座。为了对这个问题有一个概念，读者只能看着美丽的天琴座思索我们以每秒10英里的速度接近那个星座。很有可能我们生活的每一天以将近一百万英里的速度接近这个星座。我们说出的每一句话以及我们在街上迈出的每一步都向着天琴座靠近了数英里。笔者在写这些文字的同时向它靠近了数万英里，读者在阅读的同时随之移动了一千英里。这种情况贯穿整个人类历史，我们有理由相信至我们未来的后人依然如此。天文学上一大困惑是，这个旅程起止于何时，如何开始又将如何结束？科学面对这个问题还不能做出解释。天文学家对于这个旅程的起止和无知的孩童一样一穷二白，只能让天文爱好者认识到这个问题的难度。

对恒星距离之遥远给予的最好的解释是，尽管高速运动自人类在地球上存在以来带着我们不停前行，普通的观测仍然无法看见我们前往的目标星座外观上的任何变化。根据已知织女星的距离我们有理由推测，太阳系从现在起五十万年至一百万年以后才能到达天琴座现在所处的位置。

但这并不意味着，当我们的后人到达织女星现在的位置时会找到织女星，如果那时有后人生活在地球上的话。织女星也在它自己的旅程上继续前进，几乎以我们接近它的速度离开现在的位置。

据我们目前所知，太阳和织女星的情况对天空中每一颗恒星都是如此。其中每一颗都径直向前飞越太空像大炮里射出的炮弹，速度大多令人难以想象。速度不超过炮弹的恒星行动非常迟缓。绝大多数恒星的速度在每秒5英里至每秒30英里之间，时常超过50英里。实际上，有两颗恒星的速度我们有理由相信接近每秒200英里。这个运动叫作恒星的自行运动。

我们已经提到自行运动每秒数英里。由于恒星的距离非常遥远，自行运动的高速是客观存在的，实际上这个速度看起来很慢。慢到如果托勒密在长眠近1 800年后复活，要求对现在的天空和他那个时代的天空进行比较，不会看出单个星座的格局有任何差异。甚至对于最年长的亚述祭司，天琴座和织女星看起来也和我们现在看到的一样，尽管我们向二者靠近的距离已不可测量。

为了唤醒能够看出变化的古代居民，我们必须回到四千年前大约约伯时代，选取天空中移动最快的恒星之一——大角星。唤醒约伯让他看牧夫座，大角星是其中最亮的恒星，他会看到大角星在配图中标注为"1"和"2"的两颗恒星之间已经移动了一半的距离。如图60所示。

研究这些运动，自然会想到恒星围绕某个中心画出了一个非常广大的轨道，就像行星围绕太阳转动一样，我们所看到的运动只是在这些轨道上的运动。然而事实却并非如此。所进行的最细致的观测发现任何恒星的轨迹都没有丝毫的弯曲。每颗恒星似乎都在各自的轨道上径直向前行进，从来不向左右转弯。似乎不可能存在体积和质量大到足以控制这个高速运动的天体。一个大到对大角星施加的引力足以阻碍其前进的天体会使我们生存的宇宙陷入无序。因此，我们还不能解释高速移动的恒星从哪里来向哪里去。使情况更加棘手的是，不同的恒星向不同的方向运动，似乎没有任何秩序，于是一个运动似乎与另一个运动没有关联，除非少数非常罕见的情况。

图60 大角星、牧夫座周围的星星

# 第六节　变星和双星

作为基本法则，繁星点点的天空是永恒不变的象征。谚语总是告诉我们地球万物如何处于变换和衰变之中，而天空中的恒星历经岁月总是我们看到的样子。尽管大多数恒星如此，但是现在已知有一些例外。不过非常不明显，所以古代天文学家从未注意到。

历史上第一位观测到恒星变化的人是丹尼尔·法布利亚斯（Daniel Fabritius），他是一位勤勉的天空守望者，生活在300年前。

1596年8月，他在鲸鱼座注意到一颗此前不为人知的三等星，又很快变暗，10月份消失不见了。后来发现这颗恒星每隔11个月就会有规律地出现。

200年后发现了另外一颗类似的恒星。当时发现，英仙座的大陵五每隔不到三天就会有几个小时从二等星变成四等星。

19世纪初发现其他恒星的亮度也有某种程度的规律变化。随着观测者对天空研究得更加仔细，发现这种恒星越来越多，目前这种恒星的名单里已有四五百颗，并且不断增加。其中有一些变化无常，但大多数都是有规律的。

其中最早发现的是天琴座 β ，在前面的天琴座图示中标为 *B*。在春季、夏季或秋季晴朗的夜晚某个时刻都能看见。读者每天晚上散步的时候，对比它和相邻的同样星等的恒星会发现，某些夜晚二者看起来亮度完全相等，其他夜晚 β 的亮度则比另外一颗微弱。继续仔细观察发现，大约六天半发生一次变化。也就是说，如果某天夜晚二者亮度相等，六七天后二者才会再次看起来一样亮，如此无限循环。两次亮度相等之间时间间隔的中点是发生变化的那颗恒星亮度最低的时候。如果此时极为精确地观测星等会发现一个奇特的现象。每次交替变化的最小值，即所谓最低亮度都比前一次或者后一次更微弱。由此，实际周期将近13天，其间有两个亮度相等的最大值和两个略有不同的最小值。

现在已知，这种亮度变化实际上并不是恒星本身所固有的，而是因为恒星是双星，由围绕彼此旋转的两颗恒星构成，距离太近几乎挨在一起。当它们旋转时，每一颗相继对另一颗形成了全部或者部分遮挡。这个情况不是用望远镜发现的，因为所能制造出的倍数最高的望远镜也看不出来是两颗星。这是对双星的光谱长期仔细研究的结果，其中一颗的谱线交替覆盖另一颗的谱线，又逐渐离开。

就亮度变化而言，比较明显的变星中最值得关注的一颗是鲸鱼座的蒭藁增二，就是上述提到的法布利亚斯看到那一颗。这颗变星现在规律变化的周期是330天。期间大约有两周最亮，随后有时是二等星有时更加微弱——偶尔只有五等星的亮度。每一次亮度达到最大值后在几个星期里逐渐变暗，直至肉眼看不见。但是用望远镜全年都能看见。

11个月的周期使最大值出现的时间每年都提前一个月。某些年份最大值出现在恒星非常接近太阳的时候，于是便不易观测。1903—1905年期间就将如此。

大陵五也叫作英仙座β，位于北赤纬，在我们所处的纬度几乎全年每天夜晚某个时刻都能看见。秋季和冬季可见于傍晚。它的变化特点是几乎全部时间亮度相同，大约间隔两天零21小时变暗几小时。这是因为有一个几乎与其自身一样大的黑暗物体围绕其旋转导致这颗恒星出现偏食。实际上，人类从未看见过这个物体也不会看见。它的存在因其导致恒星在很小的轨道上运动而被发现。其实明亮恒星的这个运动因为太小望远镜观测不到，但是借助光谱仪可以在某种程度上检测到，检测结果显示来自恒星的光线的波长发生变化。

不同变星在变化上差异很大。大多数情况下变化非常小只有专业观测者才能注意到。各种各样的观测者通常要对疑似的变化进行长期研究才能检测出来。

那些基本上没有仪器设备的人对观测变星非常感兴趣。除非变星在某个阶段肉眼看不见才需要望远镜。为了研究何时恒星最亮或者最暗，在其以最快的速度发生变化时，需要注意和记录每一分钟或者每个小时恒星的确切星等。

天文学家对变星的兴趣还在于正在收集的证据，证明大多数恒星不是单一的天体，而在某种程度上是结构广泛多样的复杂天体系统。自从伟大的赫歇尔时代，双星对于每一位天文观测者已不再陌生。但只是在我们这一代才因为有了光谱仪而知道双星围绕彼此旋转，两个组成部分距离非常近以至于倍数最高的望远镜都从未把它们分开过。科学发展上的最大成就莫过于发现有看不见的行星围绕许多已知恒星运行，目前里克天文台在这个领域独领风骚。

目前在某种程度上似乎有可能的是，所有恒星光线的变化都有一个规律且固定不变的周期，产生这一现象的原因是有巨大的行星或者其他恒星围绕它们旋转。有时变化很小，成因我们已经讲过，即当其中一颗星经过另一颗星时，造成另一颗星出现偏食。在这种情况下，光线可能没有真正发生变化；出现食的星在造成食的星后面发出的光芒和没有出现食的时候一样。但是现在似乎是，如果黑暗的物体在偏心率很大的轨道上旋转，某些时候比其他时间更接近明亮的恒星，其引力作用在很大程度上增加了恒星的亮度。这个影响是如何产生的仍然无法解释。